网络工程师
真题及冲刺卷精析
（适用机考）

主编 朱小平 施游

·北京·

内 容 提 要

自网络工程师第 6 版考试大纲发布及考试改为机考以来，新形式下的考试方式变为基础知识和应用技术两个科目连考，基础知识最短答题时长为 90 分钟，最长答题时长为 120 分钟，两个科目总时长共 240 分钟，可提前 60 分钟交卷。基于第 6 版大纲的考试内容变化较大，考试的重点主要集中在数据通信、无线通信网、网络互连、局域网、组网技术、网络安全、网络管理、UOS 操作系统、网络规划和设计等方面。这就导致市面上的历年考试试题、练习题等不再适合当前备考。

本书各试卷中的题目，一部分是作者结合历年考试大数据分析、第 6 版考试大纲新增或改变的内容、机考特点、自身丰富的授课经验全新设计的，另一部分虽然源自历年考试试题，但全部严格根据第 6 版考试大纲及教材进行了针对性修改。因此本书全部题目非常适合考生当前备考使用。本书所有的题目均配有深入解析及答案。本书解析力图通过考点把复习内容延伸到所涉及的知识面，同时争取以严谨而清晰的讲解让考生们真正理解知识点。希望本书能够极大地提高考生的备考效率。

本书可作为考生备考"网络工程师"考试的学习资料，也可供相关培训班教学使用。

图书在版编目（CIP）数据

网络工程师真题及冲刺卷精析：适用机考 / 朱小平，施游主编. -- 北京：中国水利水电出版社，2025.4.
ISBN 978-7-5226-2612-3

Ⅰ. TP393-44

中国国家版本馆 CIP 数据核字第 202412HG76 号

策划编辑：周春元　责任编辑：王开云　加工编辑：刘铭茗　封面设计：李 佳

书　　名	网络工程师真题及冲刺卷精析（适用机考） WANGLUO GONGCHENGSHI ZHENTI JI CHONGCIJUAN JINGXI （SHIYONG JIKAO）
作　　者	主编　朱小平　施游
出版发行	中国水利水电出版社 （北京市海淀区玉渊潭南路 1 号 D 座　100038） 网址：www.waterpub.com.cn E-mail: mchannel@263.net（答疑） 　　　　sales@mwr.gov.cn 电话：（010）68545888（营销中心）、82562819（组稿）
经　　售	北京科水图书销售有限公司 电话：（010）68545874、63202643 全国各地新华书店和相关出版物销售网点
排　　版	北京万水电子信息有限公司
印　　刷	三河市鑫金马印装有限公司
规　　格	184mm×240mm　16 开本　11.25 印张　286 千字
版　　次	2025 年 4 月第 1 版　2025 年 4 月第 1 次印刷
印　　数	0001—3000 册
定　　价	48.00 元

凡购买我社图书，如有缺页、倒页、脱页的，本社营销中心负责调换

版权所有·侵权必究

编委会

朱小平　施　游　刘　博　黄少年

刘　毅　施大泉　谢林娥　朱建胜

陈　娟　李竹村

机考说明及模拟考试平台

一、机考说明

根据《2023 年下半年计算机技术与软件专业技术资格（水平）考试有关工作调整的通告》，自 2023 年下半年起，计算机软件资格考试方式均由纸笔考试改革为计算机化考试。

考试采取科目连考、分批次考试的方式，连考的第一个科目作答结束交卷完成后自动进入第二个科目，第一个科目节余的时长可为第二个科目使用。

高级资格： 综合知识和案例分析两个科目连考，作答总时长 240 分钟，综合知识科目最长作答时间 150 分钟，最短作答时间 120 分钟，综合知识交卷成功后不参加案例分析科目考试的可以离场，参加案例分析科目考试的，考试结束前 60 分钟可交卷离场。论文科目时长 120 分钟，不得提前交卷离场。

初、中级资格： 基础知识和应用技术两个科目连考，作答总时长 240 分钟，基础知识科目最短作答时长 90 分钟，最长作答时长 120 分钟，选择不参加应用技术科目考试的，在基础知识交卷成功后可以离场，选择继续作答应用技术科目的，考试结束前 60 分钟可交卷离场。

二、官方模拟考试平台入口及登录方法

模拟考试平台开放时间通常是考前 20 天左右，且只针对报考成功的考生开放所报考的科目的界面，具体以官方通知为准。

1. 模拟考试平台入口及操作方法

考生报名成功后，在平台开放期间，在电脑端可通过 https://bm.ruankao.org.cn/sign/welcome 进入模拟考试系统。打开链接后，会出现如下图所示的界面。

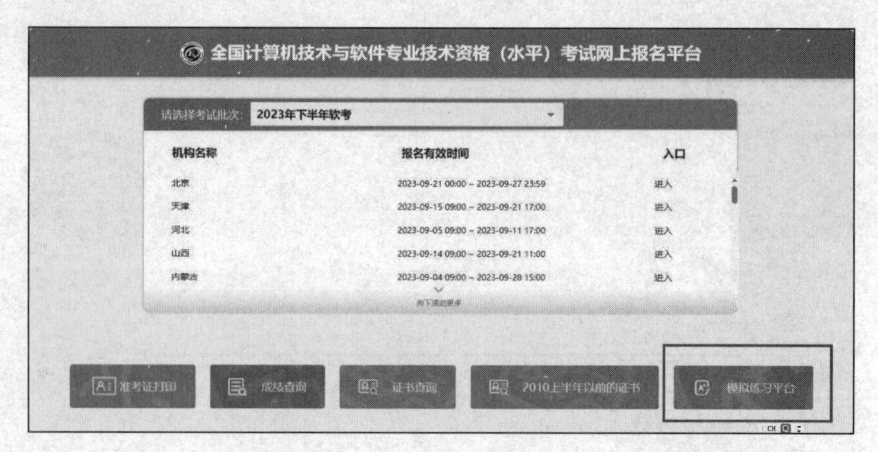

2. 登录方法

(1) 单击上图中的"模拟练习平台",首先需要下载模考系统并进行安装。

安装完毕后,需要输入考生报名时获得的账号和密码进行登录。系统会自动匹配所报名的专业,接着选择需要练习的试卷,如下图所示。然后单击"确定"按钮。

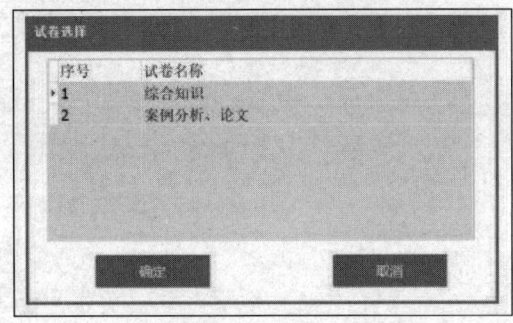

(2) 此时系统进入该考试的登录界面,如下图所示。输入模拟准考证号和模拟证件号码,模拟准考证号为11111111111111(14个1),模拟证件号码为111111111111111111(18个1)。输入完成后单击"确认登录"按钮。

3. 试题界面

此时,系统就进入了试题界面,如下图所示。

4. 试题界面及相关操作简介

从整体上看,试题界面的上方是标题栏,左侧为题号栏,右侧为试题栏。

标题栏从左到右依次显示应试人员基本信息、本场考试名称(具体以正式考试为准)、考试科目名称、机位号、考试剩余时间、"交卷"按钮。

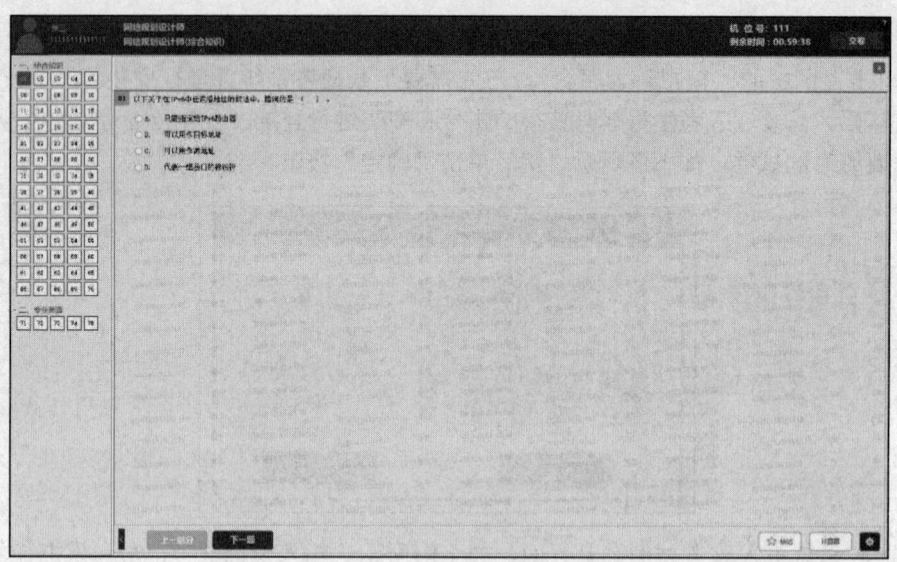

题号栏显示试题序号及试题作答状态，白色背景表示未作答，蓝色背景表示已作答，橙色背景表示当前正在作答，三角形符号表示题目已被标记。考试中可以充分利用系统提供的标记功能，比如在做题中遇到暂时不确定的问题时，可以利用系统的标记功能对其进行标记，在做完其他试题之后，可以再根据系统的标记快速定位到这些不确定的试题并进行作答。如果试卷没有完全做完就提交，系统会提示还有几道试题没有做。

提交综合知识部分的试卷后，系统会马上进入到案例分析部分的作答。案例分析部分的考试界面如下图所示。

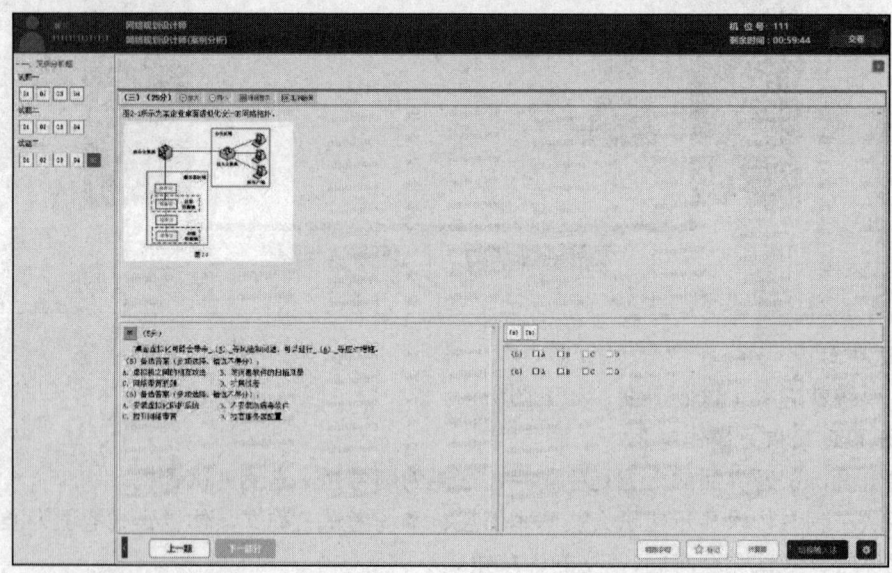

案例分析部分作答时，一定要特别注意各个小题对应的序号。在考试中，如果碰到复杂的计算，可以充分利用系统右下角提供的计算器来完成相关的计算。

待全部试题作答完成之后，如果还有较多的时间，可以适当进行检查，待确认无误之后，可以提交试卷，完成考试。一定要留意，看到如下图所示的界面，才是最终结束考试。

祝大家都顺利通过考试。

关于本科目备考及考试的更多信息，可关注"攻克要塞"公众号，届时将会有更多相关信息推送给您。

本书之 What & Why

为什么选择本书

通过"历年考题"来复习无疑是针对性极强且效率颇高的备考方式，但伴随着网络工程师第 6 版考试大纲及教材的发布，各培训机构讲师及备考考生发现，之前的内容发生了不少的变化，从而使得"历年考题"不再适用于当前备考。鉴于此，我们精心组织编写了本书，以期能够让考生获得高效的备考抓手。

本书各试卷中的题目，一部分是作者结合第 6 版考试大纲新增或改变的内容、机考特点、自身丰富的授课经验而全新设计的题目，另一部分题目虽然源自历年考试题，但全部严格根据第 6 版考试大纲及教材的变化进行了针对性修正，并且根据历年考试大数据分析进行了选择优化。因此本书全部题目完全适用于当前备考。

本书所有的题目皆配有深入的解析及答案。本书解析力图通过考点把复习内容延伸到所涉知识面，同时争取以严谨而清晰的讲解让考生真正理解知识点。希望本书能够极大地提高考生的备考效率。

本书作者不一般

本书由曾多次参与软考命题并长期从事软考培训工作的朱小平老师和施游老师担任主编。

朱小平，软考面授名师、高级工程师。授课语言简练、逻辑清晰，善于把握要点、总结规律，所讲授的"网络工程师""网络规划设计师""信息安全工程师"等课程广受学员好评。

施游，国内一线软考培训专家，高级实验师，网络规划设计师、信息安全工程师、高级程序员、大数据工程师，《电脑知识与技术》期刊湖南编审主任。他具有丰富的软考教学与培训经验，主编或参编了多部软考系列丛书，广受学员、读者好评。

致谢

感谢中国水利水电出版社有限公司综合出版部副主任周春元编辑在本书的策划、选题申报、写作大纲的确定以及编辑出版等方面付出的辛勤劳动和智慧，以及他给予我们的很多帮助。

编　者

2025 年 3 月

目 录

机考说明及模拟考试平台
本书之 What & Why
网络工程师　机考试卷第 1 套　基础知识卷 ··· 1
网络工程师　机考试卷第 1 套　应用技术卷 ··· 8
网络工程师　机考试卷第 1 套　基础知识卷参考答案及解析 ······························ 14
网络工程师　机考试卷第 1 套　应用技术卷参考答案及解析 ······························ 26
网络工程师　机考试卷第 2 套　基础知识卷 ··· 31
网络工程师　机考试卷第 2 套　应用技术卷 ··· 38
网络工程师　机考试卷第 2 套　基础知识卷参考答案及解析 ······························ 46
网络工程师　机考试卷第 2 套　应用技术卷参考答案及解析 ······························ 55
网络工程师　机考试卷第 3 套　基础知识卷 ··· 60
网络工程师　机考试卷第 3 套　应用技术卷 ··· 67
网络工程师　机考试卷第 3 套　基础知识卷参考答案及解析 ······························ 73
网络工程师　机考试卷第 3 套　应用技术卷参考答案及解析 ······························ 81
网络工程师　机考试卷第 4 套　基础知识卷 ··· 86
网络工程师　机考试卷第 4 套　应用技术卷 ··· 94
网络工程师　机考试卷第 4 套　基础知识卷参考答案及解析 ······························ 102
网络工程师　机考试卷第 4 套　应用技术卷参考答案及解析 ······························ 110
网络工程师　机考试卷第 5 套　基础知识卷 ··· 117
网络工程师　机考试卷第 5 套　应用技术卷 ··· 124
网络工程师　机考试卷第 5 套　基础知识卷参考答案及解析 ······························ 130
网络工程师　机考试卷第 5 套　应用技术卷参考答案及解析 ······························ 140
网络工程师　机考冲刺卷　基础知识卷 ··· 144
网络工程师　机考冲刺卷　应用技术卷 ··· 152
网络工程师　机考冲刺卷　基础知识卷参考答案及解析 ······························ 158
网络工程师　机考冲刺卷　应用技术卷参考答案及解析 ······························ 166

网络工程师　机考试卷第1套
基础知识卷

- 计算机操作的最小时间单位是__(1)__。
  (1) A. 总线周期　　　B. 时钟周期　　　C. 指令周期　　　D. CPU周期
- 虚拟存储技术把__(2)__有机地结合起来使用，从而得到一个更大容量的"内存"。
  (2) A. 内存与外存　　　　　　　　　B. Cache与外存
  　　C. 寄存器与Cache　　　　　　　　D. Cache与内存
- 软件测试时，白盒测试不能发现__(3)__。
  (3) A. 死循环　　　　　　　　　　　B. 代码路径中的错误
  　　C. 逻辑错误　　　　　　　　　　D. 功能错误
- 云计算有多种部署模型，当云以服务的方式提供给大众时，称为__(4)__。
  (4) A. 公有云　　　B. 专属云　　　C. 私有云　　　D. 混合云
- 量子密钥分发（QKD）的主要目的是__(5)__。
  (5) A. 实现超光速通信　　　　　　　B. 生成和分发无条件安全的密钥
  　　C. 提高数据传输速率　　　　　　D. 验证量子计算机的性能
- 5G网络的关键技术之一是OFDM，它主要用于解决__(6)__的问题。
  (6) A. 提高频谱效率　　　　　　　　B. 增加网络覆盖
  　　C. 降低设备功耗　　　　　　　　D. 提升数据安全性
- 在网络工程的生命周期中，对用户需求进行了解和分析是在__(7)__阶段。
  (7) A. 需求分析　　　B. 实施　　　C. 设计　　　D. 运维
- 下列工具软件中，不是网络运维常用工具的是__(8)__。
  (8) A. Putty　　　B. WireShark　　　C. SecureCRT　　　D. Eclipse
- 软件的__(9)__是以用户为主，包括软件开发人员和质量保证人员都参加的测试，一般使用实际应用数据进行测试，除了测试软件功能和性能外，还对软件的可移植性、兼容性、可维护性、错误的恢复功能等进行确认。
  (9) A. 单元测试　　　B. 集成测试　　　C. 系统测试　　　D. 验收测试
- 在需要保护的信息资产中，__(10)__是最重要的。
  (10) A. 软件　　　B. 环境　　　C. 数据　　　D. 硬件
- 以下频率中，属于微波波段的是__(11)__。
  (11) A. 30Hz　　　B. 30kHz　　　C. 30MHz　　　D. 30GHz
- 下列不属于光纤跳线的接头类型的是__(12)__。
  (12) A. FC　　　B. LC　　　C. SC　　　D. SFP

● 在 OSI 参考模型中，传输层处理的数据单位是 (13) 。
 (13) A. 比特　　　　　B. 帧　　　　　　C. 分组　　　　　　D. 报文段
● 模拟信号数字化的正确步骤是 (14) 。
 (14) A. 采样、量化、编码　　　　　　B. 采样、编码、量化
 　　　C. 编码、量化、采样　　　　　　D. 编码、采样、量化
● 5G 采用的正交振幅调制（Quadrature Amplitude Modulation，QAM）技术中，256QAM 的一个载波上可以调制 (15) 比特信息。
 (15) A. 2　　　　　　B. 4　　　　　　C. 6　　　　　　　D. 8
● 万兆以太网标准中，传输距离最远的是 (16) 。
 (16) A. 10GBASE-S　　B. 10GBASE-L　　C. 10GBASE-LX4　　D. 10GBASE-E
● 使用 Traceroute 命令时，由中间路由器返回的 ICMP 超时报文中 Type 和 Code 分别是 (17) 。
 (17) A. Type=3，Code=0　　　　　　B. Type=8，Code=0
 　　　C. Type=11，Code=0　　　　　　D. Type=12，Code=0
● 在光纤接入技术中，EPON 系统中的 ONU 向 OLT 发送数据采用 (18) 技术。
 (18) A. 广播　　　　　B. FDM　　　　　C. TDMA　　　　　D. TDM
● 以下关于 HDLC 协议的说法中，错误的是 (19) 。
 (19) A. HDLC 是一种面向比特的同步链路控制协议
 　　　B. 应答 RNR5 表明编号为 4 之前的帧均正确，接收站忙暂停接收下一帧
 　　　C. 信息帧仅能承载用户数据，不得做他用
 　　　D. 传输的过程中采用无编号帧进行链路的控制
● 在 TCP 协议连接释放过程中，请求释放连接的一方（客户端）发送连接释放报文段，该报文段应该将 (20) 。
 (20) A. FIN 置 1　　　B. FIN 置 0　　　C. ACK 置 1　　　D. ACK 置 0
● 以下关于 TCP 拥塞控制机制的说法中，错误的是 (21) 。
 (21) A. 慢启动阶段，将拥塞窗口值设置为 1
 　　　B. 慢启动算法执行时拥塞窗口指数增长，直到拥塞窗口值达到慢启动门限值
 　　　C. 在拥塞避免阶段，拥塞窗口线性增长
 　　　D. 当网络出现拥塞时，慢启动门限值恢复为初始值
● 在 OSI 参考模型中， (22) 在物理线路上提供可靠的数据传输服务。
 (22) A. 物理层　　　　B. 数据链路层　　C. 网络层　　　　D. 传输层
● 以下路由协议中， (23) 属于有类路由协议。
 (23) A. RIPv1　　　　B. OSPF　　　　C. IS-IS　　　　　D. BGP
● 以下关于 RIPv1 和 RIPv2 路由选择协议说法中，错误的是 (24) 。
 (24) A. 都是基于 Bellman 算法的
 　　　B. 都是基于跳数作为度量值的
 　　　C. 都包含有 Request 和 Response 两种分组，且分组是完全一致的
 　　　D. 都是采用传输层的 UDP 协议承载

- 一台运行 OSPF 路由协议的路由器，转发接口为 100Mb/s，其 cost 值应该是 (25) 。
  (25) A. 1   B. 10   C. 100   D. 1000
- 在 BGP 路由选择协议中， (26) 属性可以避免在 AS 之间产生环路。
  (26) A. Origin   B. AS_PATH   C. Next Hop   D. Communtiy
- 下列用于 AS 之间的路由协议是 (27) 。
  (27) A. RIP   B. OSPF   C. BGP   D. IS-IS
- 以下关于 Telnet 的叙述中，不正确的是 (28) 。
  (28) A. Telnet 支持命令模式和会话模式   B. Telnet 采用明文传输
       C. Telnet 默认端口是 23   D. Telnet 采用 UDP 协议
- 在浏览器地址栏输入 192.168.1.1 进行访问时，首先执行的操作是 (29) 。
  (29) A. 域名解析   B. 解释执行
       C. 发送页面请求报文   D. 建立 TCP 连接
- 下列端口号中， (30) 是电子邮件发送协议默认的服务端口号。
  (30) A. 23   B. 25   C. 110   D. 143
- IPv6 组播地址的前缀是 (31) 。
  (31) A. FF   B. FE   C. FD   D. FC
- 要查询 DNS 域内的权威域名服务器信息，可查看 (32) 资源记录。
  (32) A. SOA   B. NS   C. PTR   D. A
- 在 UOS Linux 中，可以使用 (33) 命令创建一个文件目录。
  (33) A. mkdir   B. md   C. chmod   D. rmdir
- 在 Windows 中，DHCP 客户端手动更新租期时使用的命令是 (34) 。
  (34) A. ipconfig /release   B. ipconfig /renew
       C. ipconfig /showclassid   D. ipconfig /setclassid
- UOS Linux 的 bind 能提供的服务有 (35) 。
  (35) A. DHCP 服务   B. FTP 服务   C. DNS 服务   D. 远程桌面服务
- 客户端用于向 DHCP 服务器请求 IP 地址配置信息的报文是 (36) ，当客户端接收服务器的 IP 地址配置信息，需向服务器发送 (37) 报文以确定。
  (36) A. DHCPDISCOVER B. DHCPOFFER   C. DHCPACK   D. DHCPNAK
  (37) A. DHCPDISCOVER B. DHCPOFFER   C. DHCPACK   D. DHCPNAK
- 服务器提供 Web 服务，本地默认监听 (38) 端口。
  (38) A. 8008   B. 8080   C. 8800   D. 80
- 通常使用 (39) 为 IP 数据报文进行加密。
  (39) A. IPSec   B. PP2P   C. HTTPS   D. TLS
- 邮件客户端使用 (40) 协议同步服务器和客户端之间的邮件列表。
  (40) A. POP3   B. SMTP   C. IMAP   D. SSL
- (41) 命令不能获得主机域名（abc.com）对应的 IP 地址。
  (41) A. ping abc.com   B. nslookup qt=a abc.com

C．tracert abc.com　　　　　　　D．route abc.com

● 通过在出口防火墙上配置 （42） 功能，可以阻止外部未授权用户访问内部网络。
（42）A．ACL　　　　B．SNAT　　　　C．入侵检测　　　　D．防病毒

● 在 Windows 平台上，命令：arp -d * 的作用是 （43） 。
（43）A．开启 ARP 学习功能　　　　B．添加一条 ARP 记录
　　　C．显示当前 ARP 记录　　　　D．删除所有 ARP 记录

● A 从证书颁发机构 X1 获得证书，B 从证书颁发机构 X2 获得证书。假设使用的是 X509 证书，X2《X1》表示 X2 签署的 X1 的证书，A 可以使用证书链来获取 B 的公钥，则该链的正确顺序是 （44） 。
（44）A．X2《X1》X1《B》　　　　B．X2《X1》X2《A》
　　　C．X1《X2》X2《B》　　　　D．X1《X2》X2《A》

● 在我国自主研发的商用密码标准算法中，用于分组加密的是 （45） 。
（45）A．SM2　　　　B．SM3　　　　C．SM4　　　　D．SM9

● SQL 注入是常见的 Web 攻击，以下不能够有效防御 SQL 注入的手段是 （46） 。
（46）A．对用户输入做关键字过滤　　　　B．部署 Web 应用防火墙进行防护
　　　C．部署入侵检测系统阻断攻击　　　　D．定期扫描系统漏洞并及时修复

● 在 SNMP 安全模块中的加密部分，为了防止报文内容的泄露，使用 DES 算法对数据进行加密，其密钥长度为 （47） 。
（47）A．56　　　　B．64　　　　C．120　　　　D．128

● 以下关于 ICMP 的叙述中，错误的是 （48） 。
（48）A．ICMP 封装在 IP 数据报的数据部分　　　　B．ICMP 消息的传输是可靠的
　　　C．ICMP 是 IP 协议必需的一个部分　　　　D．ICMP 可用来进行差错控制

● 下列说法中，能够导致 BGP 邻居关系无法建立的是 （49） 。
（49）A．邻居的 AS 号配置错误
　　　B．IBGP 邻居没有进行物理直连
　　　C．在全互联的 IBGP 邻居关系中开启了 BGP 同步
　　　D．两个 BGP 邻居之间的更新时间不一致

● 在 UOS Linux 系统中，不能为网卡 ens32 添加"IP：192.168.0.2"的命令是 （50） 。
（50）A．ifconfig ens32 192.168.0.2 netmask 255.255.255.0 up
　　　B．ifconfig ens32 192.168.0.2/24 up
　　　C．ip addr add 192.168.0.2/24 dev ens32
　　　D．ipconfig ens32 192.168.0.2/24 up

● 当网络设备发生故障时，会向网络管理系统发送 （51） 类型的 SNMP 报文。
（51）A．trap　　　　B．get-response　　　　C．set-request　　　　D．get-request

● 能够容纳 200 台客户机的 IP 地址段，其网络位最长是 （52） 位。
（52）A．21　　　　B．22　　　　C．23　　　　D．24

- 网管员对 192.168.27.0/24 网段使用 27 位掩码进行了子网划分，下列地址中与 IP 地址 192.168.27.45 处于同一个网络的是 __(53)__ ，其网络号是 __(54)__ 。

  (53) A. 192.168.27.16　　B. 192.168.27.35　　C. 192.168.27.30　　D. 192.168.27.65

  (54) A. 192.168.27.0　　B. 192.168.27.32　　C. 192.168.27.64　　D. 192.168.27.128

- 下列 IP 地址中属于私有地址的是 __(55)__ 。

  (55) A. 10.10.1.10　　B. 172.0.16.248　　C. 172.15.32.4　　D. 192.186.2.254

- 下面的 IP 地址中，可以用作主机 IP 地址的是 __(56)__ 。

  (56) A. 192.168.15.255/20　　　　B. 172.16.23.255/20

  　　 C. 172.20.83.255/22　　　　D. 202.100.10.15/28

- 关于以下命令片段的说法中，正确的是 __(57)__ 。

  ```
  <HUAWEI> system-view
  [HUAWEI] interface GigabitEthernet 1/0/1
  [HUAWEI-GigabitEthernet1/0/1] undo  negotiation auto
  [HUAWEI-GigabitEthernet1/0/1] speed 1000
  [HUAWEI-GigabitEthernet1/0/1] duplex half
  ```

  (57) A. 配置接口默认为全双工模式　　　　B. 配置接口速率默认为 1000kbit/s

  　　 C. 配置接口速率自协商　　　　　　　D. 配置接口在非自协商模式下为半双工模式

- 以下命令片段中，描述路由优先级的字段是 __(58)__ 。

  ```
  <Huawei> display ip routing-table
  Route Flags: R - relay, D - download to fib
  ------------------------------------------------
  Routing Tables: Public
           Destinations : 8     Routes : 9

  Destination/Mask    Proto    Pre    Cost    Flags    NextHop    Interface
      10.1.1.1/32     Static    60     0        D      0.0.0.0    NULL0
  ......
  ```

  (58) A. Proto　　　　B. Pre　　　　C. Cost　　　　D. Flags

- 在下图所示的命令执行结果中，Routing Tables 描述路由标记的字段是 __(59)__ 。

  ```
  <Huawei> display ip routing-table
  Route Flags: R - relay,D-download to fib
  ------------------------------------------------
  Routing Tables: Public
  Destinations:8    Routes:9

  Destination/Mask    Proto    Pre    Cost    Flags    NextHor    Interface
      10.1.1.1/32    Static    60      0       D       0.0.0.0    NULL0
  ```

  (59) A. Proto　　　　B. Pre　　　　C. Cost　　　　D. Flags

- 当网络中充斥着大量广播包时，可以采取 __(60)__ 措施解决问题。

  (60) A. 客户端通过 DHCP 获取 IP 地址　　　　B. 增加接入层交换机

  　　 C. 创建 VLAN 来划分更小的广播域　　　　D. 网络结构修改为仅有核心层和接入层

- 使用命令"vlan batch 30 40"和"vlan batch 30 to 40"分别创建的VLAN数量是___(61)___。

  (61) A. 11和2　　　　B. 2和2　　　　C. 11和11　　　　D. 2和11

- 下列命令片段中划分VLAN的方式是___(62)___。

  ```
  <Huawei> system-view
  [Huawei] vlan 2
  [Huawei-vlan2] policy-vlan mac-address 0-1-1 ip 10.1.1.1 priority 7
  ```

  (62) A. 基于策略划分　　　　　　　　B. 基于MAC划分
  　　　C. 基于IP子网划分　　　　　　　D. 基于网络层协议划分

- 存储转发式交换机中运行生成树协议（STP）可以___(63)___。

  (63) A. 向端口连接的各个站点发送请求以便获取其MAC地址
  　　　B. 阻塞一部分端口，避免形成环路
  　　　C. 找不到目的地址时广播数据帧
  　　　D. 通过选举产生多个没有环路的生成树

- 在5G关键技术中，将传统互联网控制平面与数据平面分离，使网络的灵活性、可管理性和可扩展性大幅提升的是___(64)___。

  (64) A. 软件定义网络（SDN）　　　　B. 大规模多输入多输出（MIMO）
  　　　C. 网络功能虚拟化（NFV）　　　D. 长期演进（LTE）

- 下列通信技术标准中，使用频带相同的是___(65)___。

  (65) A. 802.11a和802.11b　　　　B. 802.11b和802.11g
  　　　C. 802.11a和802.11g　　　　D. 802.11a和802.11n

- WLAN接入安全控制中，采用的安全措施不包括___(66)___。

  (66) A. SSID访问控制　　　　　　　B. CA认证
  　　　C. 物理地址过滤　　　　　　　D. WPA2安全认证

- 某无线路由器，在2.4GH频道上配置了2个信道，使用___(67)___信道间干扰最小。

  (67) A. 1和3　　　　B. 4和7　　　　C. 6和10　　　　D. 7和12

- 以下关于层次化网络设计模型的描述中，不正确的是___(68)___。

  (68) A. 终端用户网关通常部署在核心层，实现不同区域间的数据高速转发
  　　　B. 流量负载和VLAN间路由在汇聚层实现
  　　　C. MAC地址过滤、路由发现在接入层实现
  　　　D. 接入层连接无线AP等终端设备

- 以下关于结构化布线系统的说法中，错误的是___(69)___。

  (69) A. 工作区子系统是网络管理人员的值班场所，需要配备不间断电源
  　　　B. 干线子系统实现各楼层配线间和建筑物设备间的互联
  　　　C. 设备间子系统由建筑物进户线、交换设备等设施组成
  　　　D. 建筑群子系统实现各建筑物设备间的互联

- 在结构化布线系统设计时，配线间到工作区信息插座的双绞线最大不超过 90 米，信息插座到终端电脑网卡的双绞线最大不超过 （70） 米。

  (70) A．90　　　　　　B．60　　　　　　C．30　　　　　　D．10

- 以下关于信息化项目成本估算的描述中，不正确的是 (71) 。

  (71) A．项目成本估算指设备采购、劳务支出等直接用于项目建设的经费估算

  　　 B．项目成本估算需考虑项目工期要求的影响，工期要求越短成本越高

  　　 C．项目成本估算需考虑项目质量要求的影响，质量要求越高成本越高

  　　 D．项目成本估算过粗或过细都会影响项目成本

- Network security is the protection of the underlying networking infrastructure from (72) access, misuse, or theft. It involves creating a secure infrastructure for devices, users and applications to work in a (73) manner. Network security combines multiple layers of defenses at the edge and in the network. Each network security layer implements (74) and controls. Authorized users gain access to network resources. A (75) is a network security device that monitors incoming and outgoing network traffic and decides whether to allow or block specific traffic based on a defined set of security rules. A virtual (76) network encrypts the connection from an endpoint to a network, often over the internet. Typically a remote-access VPN uses IPSec or Secure Sockets Layer to authenticate the communication between device and network.

  (72) A．unauthorized　　B．authorized　　C．normal　　D．frequent
  (73) A．economical　　　B．secure　　　　C．fair　　　　D．efficient
  (74) A．computing　　　 B．translation　　C．policies　　D．simulations
  (75) A．firewall　　　　B．router　　　　C．gateway　　D．switch
  (76) A．public　　　　　B．private　　　　C．personal　　D．political

网络工程师 机考试卷第1套
应用技术卷

试题一（共20分）

阅读以下说明，回答【问题1】至【问题4】，将解答填入答题纸对应的解答栏内。
【说明】某企业网络拓扑图如图1-1所示，该网络可以实现的网络功能有：
1. 汇聚层交换机A与交换机B采用VRRP技术组网。
2. 用防火墙实现内外网地址转换和访问策略控制。
3. 对汇聚层交换机、接入层交换机（各车间部署的交换机）进行VLAN划分。

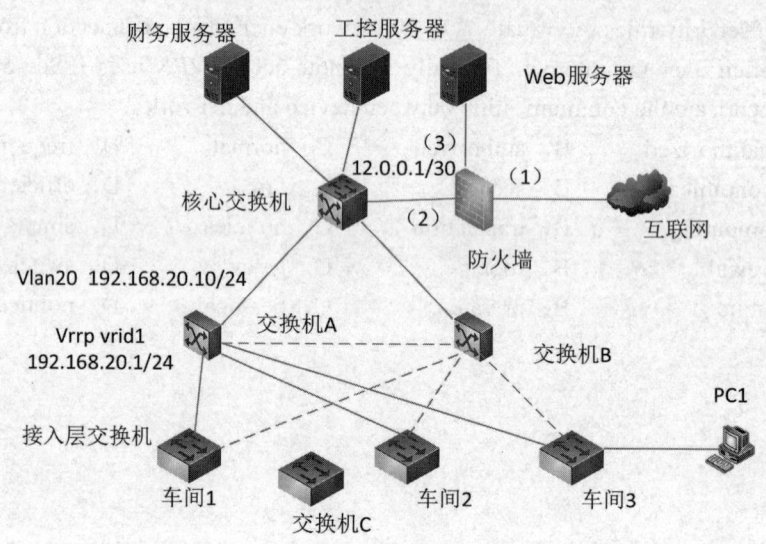

图1-1 某企业网络拓扑图

【问题1】（6分）
为图1-1中的防火墙划分安全域，接口1应配置为 __(1)__ 区域，接口2应配置为 __(2)__ 区域，接口3应配置为 __(3)__ 区域。

【问题2】（4分）
VRRP技术实现 __(4)__ 功能，交换机A与交换机B之间的连接线称为 __(5)__ 线，其作用是 __(6)__ 。

【问题3】（6分）
图1-1中PC1的网关地址是 __(7)__ ；在核心交换机上配置与防火墙互通的默认路由，其目标地址应是 __(8)__ ；若禁止PC1访问财务服务器，应在核心交换机上采取 __(9)__ 措施实现。

【问题 4】(4 分)
若车间 1 增加一台接入交换机 C，该交换机需要与车间 1 接入层交换机进行互连，其连接方式有__(10)__和__(11)__；其中__(12)__方式可以共享使用交换机背板带宽，__(13)__方式可以使用双绞线将交换机连接在一起。

试题二（共 20 分）

阅读以下说明，回答【问题 1】至【问题 4】，将解答填入答题纸对应的解答栏内。

【说明】 某高校两个校区之间相距 20 千米，管理员拟采用 VPN 隧道实现两校区互联，设计的网络拓扑如图 2-1 所示。

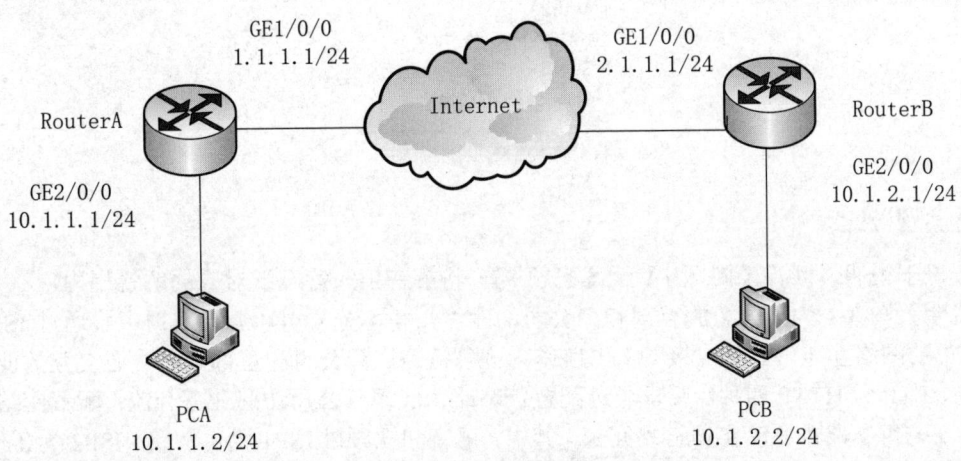

图 2-1 网络拓扑图

【问题 1】(4 分)
学校提出的需求是利用两校区现有的出口路由器以及现有运营商出口链路，采用 VPN 加密隧道技术实现两个校区的内网通过 OSPF 协议互通。网络工程师张工推荐了两种不同的方案，一种是采用 GRE VPN，另一种是采用 IPSec VPN。请问张工的方案是否可行，如果不行，应该如何部署 VPN，才能实现这个目标，并说明理由。

【问题 2】(5 分)
以下是 IKE 安全提议和 IPSec 安全提议的配置片段，请将候选答案填入相应配置处。

```
[R1]ike proposal 5
[R1-ike-proposal-5]encryption-algorithm    (1)
[R1-ike-proposal-5]authentication-algorithm    (2)
[R1-ike-proposal-5]dh    (3)
[R1]ipsec proposal tran1
[R1-ipsec-proposal-tran1]esp authentication-algorithm    (4)
[R1-ipsec-proposal-tran1]esp encryption-algorithm    (5)
```

（1）～（5）空的选项：
    A．group14   B．sha2-256   C．aes-cbc-128

【问题 3】（7 分）

简要回答 IPSec VPN 的主要配置步骤。

【问题 4】（4 分）

学校按照 IPSec VPN 方案实施了部署，IPSec 隧道建立后业务访问时断时续，网络工程师查看日志服务器，发现了下面的日志信息，导致产生此日志信息的可能原因有哪些？（至少写 4 点）

> 日志来源 IP：192.168.222.2
> 发送时间　：20240905 16:30:04
> Severity：Warning
> Priority：5
> 日志内容　：
> 28:33 FYFW %%FW/IPSec/5/SYSLOG(l): 连接 (TO 新校区) 与对端 DPD 超时，即将重启本连接。。

试题三（共 20 分）

阅读以下说明，回答【问题 1】至【问题 3】，将解答填入答题纸对应的解答栏内。

【说明】图 3-1 为某公司的总部和分公司的网络拓扑，分公司和总部数据中心通过 ISP1 的网络和 ISP2 的网络互连，并且连接 5G 出口作为应急链路。分公司和总部数据中心交互的业务有语音、视频、FTP 和 HTTP 四种。要求通过配置策略路由实现分公司访问业务分流；配置网络质量分析（NQA）与静态路由联动实现链路冗余。其中，语音和视频以 ISP1 为主链路、ISP2 为备份；FTP 和 HTTP 以 ISP2 为主链路，ISP1 为备份。

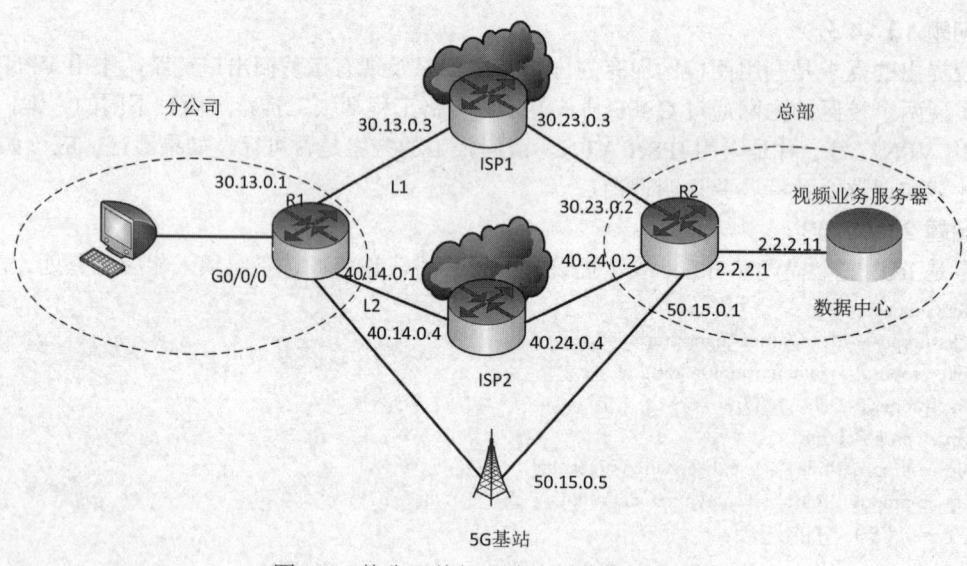

图 3-1 某公司总部和分公司网络拓扑图

【问题1】（4分）

通过在 R1 上配置策略路由，以实现分公司访问总部的流量可根据业务类型分组到 L1 和 L2 两条链路并形成主备关系，首先完成 ACL 相关配置。

配置 R1 上的 ACL 来定义流，首先定义视频业务流 ACL2000：

[R1] acl 2000
[R1-acl-basic-2000] rule 1 permit destination ___（1）___ 0.0.255.255
[R1-acl-basic-2000] quit

定义 Web 业务流 ACL 3000：

[R1] acl 3000
[R1-acl-adv-3000] rule 1 permit tcp destination any destination-port ___（2）___ 0.0.255.255
[R1-acl-basic-3000] quit

【问题2】（8分）

完成 R1 策略路由剩余的相关配置。

（1）创建流分类，匹配相关 ACL 定义的流。

[R1] traffic classifier video
[R1-classifier-video] if-match acl 2000
[R1-classifier-video] quit
[R1] traffic classifier web
[R1-classifier-web] if-match acl 3000
[R1-classifier-web] quit

（2）创建流行为并配置重定向。

[R1] traffic behavior b1
[R1-behavior-b1] redirect ip-nexthop ___（3）___
[R1-behavior-b1] quit
[R1] traffic behavior b2
[R1-behavior-b2] redirect ip-nexthop ___（4）___
[R1-behavior-b2] quit

（3）创建流策略，并在接口上应用。

[R1] traffic policy p1
[R1-trafficpolicy-p1] classifier video behavior b1
[R1-trafficpolicy-p1] classifier web behavior ___（5）___
[R1-trafficpolicy-p1] quit
[R1] interface GigabitEthernet 0/0/0
[R1-GigabitEthernet0/0/0] traffic-policy 1 ___（6）___
[R1-GigabitEthernet0/0/0] quit

【问题3】（8分）

在总部网络，通过配置静态路由与 NQA 联动，实现 R2 对主链路的 ICMP 监控，如果发现主链路断开，自动切换到备份链路。

请在 R2 上完成如下配置。

（1）开启 NQA，配置 ICMP 类型的 NQA 测试例，检测 R2 到 ISP1 和 ISP2 网关的链路连通状态。

ISP1 链路探测：
[R2] nqa test-instance admin isp1   //配置名为 admin isp1 的 NQA 测试例
……其他配置省略
ISP2 链路探测：

[R2] nqa test-instance admin isp2
[R2-nqa-admin-isp2] test-type icmp
[R2-nqa-admin-isp2] destination-address ipv4 ___(7)___ //配置NQA测试目的地址
[R2-nqa-admin-isp2] frequency 10   //配置NQA两次测试之间间隔10秒
[R2-nqa-admin-isp2] probe-count 2   //配置NQA测试探针数目为2
[R2-nqa-admin-isp2] start now

（2）配置静态路由。

[R2]ip route-static 30.0.0.0 255.0.0.0 ___(8)___ track nqa admin isp1
[R2]ip route-static 40.0.0.0 255.0.0.0 40.24.0.4 track nqa admin isp2
[R2]ip route-static 0.0.0.0 0.0.0.0 40.24.0.4 preference 100 track nqa admin isp2
[R2]ip route-static 0.0.0.0 0.0.0.0 ___(9)___ preference 110 track nqa admin isp1
[R2]ip route-static 0.0.0.0 0.0.0.0 ___(10)___ preference 120

试题四（共15分）

阅读以下说明，回答【问题1】至【问题3】，将解答填入答题纸对应的解答栏内。

【说明】某公司有两个会议室，SwitchA和SwitchB的GE1/0/1接口分别连接到这两个会议室，PC1和PC2是会议专用笔记本电脑，可以在两个会议室间移动使用。PC1和PC2分别属于两个不同的部门，两个部门间使用VLAN 100和VLAN 200进行隔离。现要求这两台笔记本电脑无论在哪个会议室使用，均只能访问自己部门的服务器，即PC1只能访问Server1，PC2只能访问Server2。PC1和PC2的MAC地址分别为0001-00ef-00c0和0001-00ef-00c1。网络拓扑图如图4-1所示。

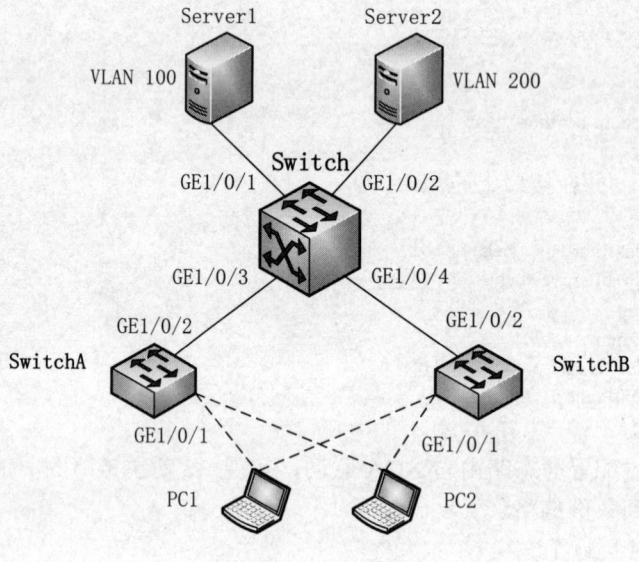

图4-1 网络拓扑图

【问题1】（6分）

该公司中的会议专用笔记本电脑PC1的应用场景属于哪种的VLAN划分方法？请简要描述该方法的优点和缺点。

【问题 2】(5 分，每空 1 分)

根据题干要求，请完成 Switch 的配置：

```
<HUAWEI>   (1)
[HUAWEI] sysname Switch
[Switch] vlan batch   (2)
[Switch] interface gigabitethernet 1/0/1
[Switch-GigabitEthernet1/0/1] port link-type hybrid
[Switch-GigabitEthernet1/0/1] port hybrid pvid vlan   (3)
[Switch-GigabitEthernet1/0/1] port hybrid   (4)   vlan 100
[Switch-GigabitEthernet1/0/1] quit
[Switch] interface gigabitethernet 1/0/2
[Switch-GigabitEthernet1/0/2] port link-type access
[Switch-GigabitEthernet1/0/2] port default vlan   (5)
[Switch-GigabitEthernet1/0/2] quit
[Switch] interface gigabitethernet 1/0/3
[Switch-GigabitEthernet1/0/3] port link-type trunk
[Switch-GigabitEthernet1/0/3] port trunk allow-pass vlan 100 200
[Switch-GigabitEthernet1/0/3] quit
[Switch] interface gigabitethernet 1/0/4
[Switch-GigabitEthernet1/0/4] port link-type trunk
[Switch-GigabitEthernet1/0/4] port trunk allow-pass vlan 100 200
[Switch-GigabitEthernet1/0/4] quit
```

【问题 3】(4 分，每空 1 分)

根据题干要求，请完成 SwitchA 的配置：

```
[SwitchA] vlan batch 100 200
[SwitchA] vlan 100
[SwitchA-vlan100] mac-vlan mac-address   (6)
[SwitchA-vlan100] quit
[SwitchA] vlan 200
[SwitchA-vlan200] mac-vlan mac-address   (7)
[SwitchA-vlan200] quit
[SwitchA] interface gigabitethernet 1/0/1
[SwitchA-GigabitEthernet1/0/1] port link-type hybrid
[SwitchA-GigabitEthernet1/0/1] port hybrid untagged vlan   (8)
[SwitchA-GigabitEthernet1/0/1] mac-vlan   (9)      //使能接口的 MAC-VLAN 功能
[SwitchA-GigabitEthernet1/0/1] quit
```

网络工程师 机考试卷第1套
基础知识卷参考答案及解析

(1) 参考答案：B

试题解析 本题实际是考查计算机中的时钟概念，通常一个指令周期需要一个或多个时钟周期。一个CPU周期也叫机器周期，它是完成计算机中一个基本操作的时间，如一个取指操作，通常是由多个时钟周期组成。因此计算机中最小的时间单位是时钟周期。

(2) 参考答案：A

试题解析 虚拟存储实际上是逻辑存储器，将主存和部分外存（磁盘）空间在逻辑上集成为一个大"内存"。对用户来说，计算机系统好像真拥有一个容量很大的主存储器。

(3) 参考答案：D

试题解析 白盒测试是了解程序内部逻辑结构的一种测试，因此它可以检查出程序中的代码路径错误和逻辑错误以及死循环，但是对于功能错误则无能为力。

(4) 参考答案：A

试题解析 当云以服务的方式提供给大众时，是一种公有云。

(5) 参考答案：B

试题解析 量子密钥分发（Quantum Key Distribution，QKD）的核心目标是利用量子力学原理生成和分发无条件安全的密钥，确保通信双方能够共享一个理论上无法被窃听的密钥。

(6) 参考答案：A

试题解析 OFDM通过将信道划分为多个正交子信道，提高了频谱效率。

(7) 参考答案：A

试题解析 本题是一道基础概念题，按照网络生命周期模型的规定，对用户需求进行了解和分析是需求分析阶段。

(8) 参考答案：D

试题解析 Eclipse是一个基于Java的软件集成开发环境（Integrated Development Environment，IDE），不是网络运维工具。SecureCRT是远程系统工具，WireShark是抓包及分析工具，Putty是远程登录工具。

(9) 参考答案：D

试题解析 题干所描述的就是验收测试的概念。同时大家还要掌握单元测试、系统测试、集成测试等各种测试的基本概念。

(10) 参考答案：C

试题解析 本题是一道基础概念题,在所有的信息资产中,数据是最重要的资产。

(11) 参考答案: D

试题解析 微波一般指毫米波。不同的波段名称对应的频率及波长范围见下表。

频带名称	频率范围	波段名称	波长范围
特高频 UHF	300～3000MHz	分米波	100～10cm
超高频 SHF	3～30GHz	厘米波	10～1cm
极高频 EHF	30～300GHz	毫米波	10～1mm
至高频	300～3000GHz	丝米波	1～0.1mm

注:其中"频率范围"及"波长范围"都是"含上限,但不含下限"。

(12) 参考答案: D

试题解析 常见的光纤跳线的接头类型有 ST、FC、SC、LC。ST 接口外壳为金属材质,接口处为卡扣式,常用于光纤配线架;FC 接口外壳材质为金属,接口处有螺纹;SC 接口的材质为塑料,推拉式连接,接口可以卡在光模块上。LC 接口的材质为塑料,用于连接 SFP 光模块,接口可以卡在光模块上。具体如下图所示。

ST 型接口　　　　　FC 型接口　　　　　SC 型接口　　　　　LC 型接口

(13) 参考答案: D

试题解析 数据在物理层的基本传输单位是二进制比特,在数据链路层的基本传输单位是数据帧,在网络层的基本传输单位是数据包或者叫分组,在传输层的基本传输单位是报文段。

(14) 参考答案: A

试题解析 模拟信号编码为数字信号最常见的就是脉冲编码调制(Pulse Code Modulation,PCM)。脉冲编码的过程分为采样、量化和编码。

- 采样,即对模拟信号进行周期性扫描,把时间上连续的信号变成时间上离散的信号。采样必须遵循奈奎斯特采样定理才能保证无失真地恢复原模拟信号。
- 量化,即利用抽样值将其幅度离散,用事先规定的一组电平值把抽样值用最接近的电平值来代替。规定的电平值通常用二进制表示。
- 编码,即用一组二进制码组来表示每一个有固定电平的量化值。实际上量化是在编码过程中同时完成的,故编码过程也称为模/数变换,记作 A/D。

(15) 参考答案: D

试题解析 本题主要考查比特与波特的概念及关系。比特(bit,b)是指一个二进制位,比特率是指单位时间内可传输的比特数量;波特(Baud,B)是指一个载波信号,而波特率是指单位时间内可传输的载波信号的个数。每个波特的信号可能用多种不同的状态,比如在 256QAM 中,一个波特有 256 种可能的状态,这 256 种不同的状态中,每一种状态称为一个码元,它需要用 8

位二进制位来表示（$2^n=256$，n 表示所需的比特位数），也可以说，256QAM 的一个载波上可以调制 8bit 信息。

（16）**参考答案**：D

📡 **试题解析**　10GBASE-S 采用 50μm 多模光纤传输距离可达 300m；10GBASE-L 和 10GBASE-LX4 采用单模光纤传输距离可达 10km；10GBASE-E 采用单模光纤传输距离可达 40km。

（17）**参考答案**：C

📡 **试题解析**　使用 Traceroute 命令时，如果当数据包到达中间某个路由器时报文中的生存时间（Time to Live，TTL）减为 0，此时路由器会丢弃该包并会向发送者返回因特网控制报文协议（Internet Control Message Protocol，ICMP）超时报文。ICMP 超时报文的类型代码是 Type=11，该类型对应两种 code 值，若 code=0，表示传输期间数据包的生存时间为变为了 0；若 code=1，表示数据包在组装期间生存时间变为了 0（迟迟等不到所需分片）。

（18）**参考答案**：C

📡 **试题解析**　在以太无源光纤网络（Ethernet Passive Optical Network，EPON）信号的传输过程中，上行数据采用时分复用（Time Division Multiplexing，TDM）技术从多个光网络单元（Optical Network Unit，ONU）发给光线路终端设备（Optical Line Terminal，OLT）。每个 ONU 都分配一个传输时隙，这些时隙是同步的，因此当数据包耦合到一根光纤中时，不同 ONU 不会产生干扰。

（19）**参考答案**：B

📡 **试题解析**　应答 RNR5（Receive Not Ready）表明编号为 5 之前的帧均正确，接收站暂停接收下一帧。

（20）**参考答案**：A

📡 **试题解析**　传输控制协议（Transmission Control Protocol，TCP）释放连接可以分为四步，具体过程如下（双方通信之前均处于 **ESTABLISHED** 状态）：

第一步：源主机发送一个释放报文（**FIN=1，自身序号 SEQ=x**），源主机进入 **FIN-WAIT** 状态。

第二步：目标主机接收报文后发出确认报文（**ACK=1，确认序号 ACK=x+1，自身序号 SEQ=y**），目标主机进入 **CLOSE-WAIT** 状态。此时，源主机停止发送数据，但是目标主机仍然可以发送数据，此时 TCP 连接为半关闭状态（**HALF-CLOSE**）。源主机接收到 ACK 报文后等待目标主机发出 FIN 报文，这可能会持续一段时间。

第三步：目标主机确定没有数据向源主机发送后，发出释放报文（**FIN=1，ACK=1，确认序号 ACK =x+1，自身序号 SEQ=z**）。目标主机进入 **LAST-ACK** 状态。

第四步：源主机接收到释放报文后，对此发送确认报文（**ACK=1，确认序号 ACK=z+1，自身序号 SEQ=x+1**），在等待一段时间确定确认报文到达后，源主机进入 **CLOSED** 状态。目标主机在接收到确认报文后，也进入 **CLOSED** 状态。

（21）**参考答案**：D

📡 **试题解析**　TCP 拥塞控制机制包括慢启动（Slow Start）、拥塞避免、快重传（Fast Retransmit）、快恢复（Fast Recovery）等。

对于发送方来说，TCP 维护了一个名为拥塞窗口（Congestion Window，cwnd）的变量，此变量表示发送方一次可发送的字节数。在慢启动阶段，cwnd 设置为 1（也就是最小值），以避免一次发送大量数据而引起拥塞，如果收到该报文的确认信息，则 cwnd 值加倍（即指数增加）；在 cwnd 的值达到慢启动阈值（Slow Start Threshold，ssthresh）后，为避免 cwnd 值过快增加，进入拥塞避免阶段从而执行拥塞避免算法，此时 cwnd 改为加 1（即线性增加）而不是加倍；当网络出现拥塞时，先把 ssthresh <u>变为当前 cwnd 值的一半</u>，再把 cwnd 值恢复为 1。

（22）参考答案：B

🔖试题解析 数据链路层将物理的传输线路（可能有很多通路）转变成一条逻辑的传输线路，通过硬件寻址完成对数据信号的传输，它提供了如差错校验等保障信号传输可靠性的机制。

（23）参考答案：A

🔖试题解析 根据所发送的路由选择更新报文中是否包含子网掩码信息，路由协议分为有类路由协议（不包含）和无类路由协议（包含）。路由信息协议（Routing Information Protocol，RIP）分为 RIPv1、RIPv2 和 RIPng 三个版本，其中 RIPv2 相对 RIPv1 的改进点有：<u>RIPv2 属于无类协议（RIPv1 属于有类协议）</u>，**支持可变长子网掩码**（Variable Length Subnet Mask，VLSM）和无类域间路由（Classless Inter-Domain Routing，CIDR）；而通常的 RIPv1 属于有类路由协议。

（24）参考答案：C

🔖试题解析 RIP 路由分组也叫 RIP 路由选择更新包，通常有 Request 和 Response 两种数据包。通过上一题的解析我们知道，RIPv1 是有类路由协议，也即 RIPv1 的路由选择更新报文（也即 Request 和 Response 分组）中不包含子网掩码，而 RIPv2 是无类路由协议，因此其路由选择更新报文中包含子网掩码，因此这两个路由协议的 Request 和 Response 分组并不完全一致。

（25）参考答案：A

🔖试题解析 开放最短路径优先（Open Shortest Path First，OSPF）的接口开销（cost）计算公式：接口开销=参考带宽/接口带宽。其中 OSPF 的参考带宽是可以配置的，默认为 100Mb/s，因此 Ethernet（100Mb/s）开销值是 1。

（26）参考答案：B

🔖试题解析 AS_PATH 属性域指示出该路由更新信息经过了哪些 AS 路径，主要作用是保证 AS 之间无环路。

（27）参考答案：C

🔖试题解析 自治系统（Autonomous System，AS）的路由协议分为内部网关协议（Interior Gateway Protocol，IGP）和外部网关协议（Exterior Gateway Protocol，EGP）两类。顾名思义，IGP 是用于自治系统内部的路由协议，运行于自治系统内部的路由器；EGP 是用于自治系统与外部（其他自治系统）之间进行路由的协议，运行在自治系统的边界路由器，<u>而边界网关协议（Border Gateway Protocol，BGP）就是一种典型的 EGP</u>。

（28）参考答案：D

🔖试题解析 Telnet 是一种远程登录程序，默认端口是 23，数据采用明文传输，支持命令模式及会话模式。Telnet 基于传输层 TCP 协议而非 UDP 协议，因此是<u>一种面向连接的协议，提供可靠服务</u>。

（29）参考答案：D

🔖试题解析 当浏览器地址栏输入 URL 访问 Web 时，HTTP 请求/响应的流程是：①域名解析；②建立TCP连接（三次握手）；③客户端发送HTTP请求；④服务器接受请求并返回HTTP响应。本题中浏览器中输入的是IP地址，所以无须域名解析。

（30）**参考答案**：B

📣**试题解析** 常见的电子邮件协议有：简单邮件传输协议（Simple Mail Transfer Protocol，SMTP）、邮局协议（Post Office Protocol，POP）和因特网信息访问协议（Internet Message Access Protocol，IMAP）。SMTP主要负责底层的邮件系统如何将邮件从一台机器发送至另外一台机器，该协议工作在TCP协议的25号端口；POP目前的版本为POP3，POP3是把邮件从邮件服务器中传输到本地计算机的协议，该协议工作在TCP协议的110号端口；IMAP目前的版本为IMAP4，它是POP3的一种替代协议，提供了邮件检索和邮件处理的新功能，该协议工作在TCP协议的143号端口。

（31）**参考答案**：A

📣**试题解析** 典型的IPv6特殊地址见下表。

地址类型	前缀	IPv6地址
未指定	00...0（128 bits）	::/128
环回地址	00...1（128 bits）	::1/128
组播	11111111	FF00::/8
链路本地地址（局域网内唯一，不能跨局域网使用）	1111111010	FE80::/10
唯一本地地址（本机内唯一，不能跨主机使用）	1111110	FC00::/7
全局单播	其他	

（32）**参考答案**：A

📣**试题解析** 起始授权机构（Start of Authority，SOA）记录是区域文件中的第1条记录，其中记录了本区域的主服务器（即本区域内的权威域名服务器）的相关信息。NS（Name Server）记录中记录了本区域内的授权域名解析服务器信息。PTR（Pointer Record）记录保存了IP地址到域名的映射，<u>负责把IP地址解析为域名，也称反向解析</u>）。A记录中保存了域名到IP地址的映射（<u>负责把域名解析为IP地址，也称正向解析</u>）。

（33）**参考答案**：A

📣**试题解析** mkdir dir-name：在主机中创建一个指定名字的目录。

（34）**参考答案**：B

📣**试题解析** ipconfig/renew用于重新从服务器续借IP地址，当客户端使用该命令时，系统将重新获取IP地址。

（35）**参考答案**：C

📣**试题解析** UOS Linux中的bind主要提供DNS服务。

（36）（37）**参考答案**：A C

📣**试题解析** 动态主机配置协议（Dynamic Host Configuration Protocol，DHCP）工作过程：①DHCP客户端发送IP租用请求，首先，在DHCP客户机启动后发出一个DHCPDISCOVER广播消息，其封装包的源地址为0.0.0.0，目标地址为255.255.255.255；②当DHCP服务器收到

DHCPDISCOVER 数据包后，通过用户数据报协议（User Datagram Protocol，UDP）的 68 号端口给客户机回应一个 DHCPOFFER 信息，其中包含一个还没有被分配的有效 IP 地址，此处可以使用广播，也可以使用单播的形式，软考中通常按照 Windows 系统的操作形式，也就是采用单播形式；③客户机可能从不止一台 DHCP 服务器收到 DHCPOFFER 信息，此时客户机会选择最先到达的 DHCPOFFER 并发送 DHCPREQUEST 消息包，此处也是使用广播的形式；④DHCP 服务器向客户机发送一个确认（DHCPACK）信息，信息中包括 IP 地址、子网掩码、默认网关、DNS 服务器地址以及 IP 地址的租约，默认为 8 天，<u>这里同样既可以使用广播，也可以使用单播，软考中用单播</u>；⑤获取 IP 地址后的 DHCP 客户端再重新联网，不再发送 DHCPDISCOVER，直接发送包含前次分配地址信息的 DHCPREQUEST 请求，此处还是使用广播。DHCP 服务器收到请求后，如果该地址可用，则返回 DHCPACK 确认；否则发送 DHCPNACK 信息否认，收到 DHCPNAK 的客户端需要从第一步开始重新申请 IP 地址。

DHCP 服务器向 DHCP 客户机出租的 IP 地址一般都有一个租借期限，期满后，DHCP 服务器便会收回出租的 IP 地址。如果 DHCP 客户机要延长其 IP 租约，则必须更新其 IP 租约。DHCP 客户机启动或者 IP 租约期限超过一半时，DHCP 客户机都会自动向 DHCP 服务器发送更新其 IP 租约的信息。

（38）**参考答案**：D

📝**试题解析** 协议端口号，简称 Port。不同的端口号用于对应目标主机的不同进程（即不同的应用程序）。TCP/IP 使用 16 位的端口号来标识端口，所以端口的取值范围为[0,65535]。端口可以分为系统端口、登记端口、客户端使用端口。

系统端口的取值范围为[0,1023]，常见端口号与进程的对应关系见下表。

协议号	名称	功能
20	FTP-DATA	FTP 数据传输
21	FTP	FTP 控制
22	SSH	SSH 登录
23	TELNET	远程登录
25	SMTP	简单邮件传输协议
53	DNS	域名解析
67	DHCP	DHCP 服务器开启，用来监听和接收客户请求消息
68	DHCP	客户端开启，用于接收 DHCP 服务器的消息回复
69	TFTP	简单 FTP
80	HTTP	超文本传输
110	POP3	邮局协议
143	IMAP	交互式邮件存取协议
161	SNMP	简单网管协议
162	SNMP（trap）	SNMP Trap 报文

登记端口是为没有熟知端口号的应用程序使用的，端口范围为[1024,49151]。这些端口必须在

互联网数字分配机构（Internet Assigned Numbers Authority，IANA）登记以避免重复。

客户端使用端口仅在客户进程运行时动态使用，使用完毕后，进程会释放端口。该端口范围为[49152,65535]。

（39）参考答案：A

试题解析 IPSec 是网络层的安全协议，是对 IP 数据报进行加密传输的协议，因此使用 IPSec 可以为 IP 数据报文进行加密传输。

（40）参考答案：C

试题解析 POP3 和 IMAP 都是用于接收电子邮件的协议，其中 POP3 是一种离线协议，主要用于电子邮件客户端从邮件服务器上下载邮件到本地计算机。而 IMAP 是一种在线协议，就是客户端直接在邮件服务器上对邮件进行操作，不需要将邮件下载到本地计算机。IMAP 支持多设备同步，用户可以在多个设备上访问相同的邮件，并且在任何设备上的读取、删除等操作都会同步到其他设备。

（41）参考答案：D

试题解析 route 命令用于在机器上创建或者显示系统的路由表，因此不能解析出对应域名的 IP 地址。

（42）参考答案：A

试题解析 访问控制列表（Access Control List，ACL）是一种包含了有权访问受防火墙保护网络（也称内网）的用户信息的列表，如果某用户要访问受保护网络，但防火墙发现自己的 ACL 并不存在该用户，那么防火墙就会拒绝该用户的数据包通过。

（43）参考答案：D

试题解析 地址解析协议（Address Resolution Protocol，ARP），用于把 IP 地址解析为域名或反之。在 Windows 平台上，arp 命令用于对 arp 缓存进行管理，arp 缓存中保存了地址解析相关信息及映射（记录），命令格式为：arp -s[-d -a] inet_addr。

其中，-a 表示查看 arp 表，-s 表示静态添加 arp 记录，-d 表示删除 arp 记录，inet_addr 参数用于指定主机，可以使用通配符如*。命令 ARP -d * 表示删除所有主机。

（44）参考答案：C

试题解析 这种题目一定要根据题干中关于表达形式的说明来分析。本题的终极目标是"A 要获取 B 的公钥"。由公钥与证书的关系我们知道，公钥存在于证书之中，谁获得了证书，谁就可获得其中的公钥。

根据题干 X2《X1》表示 X2 签署的 X1 的证书可知，首先需要 X2 签署 B 的证书，即 X2《B》，这样 B 的公钥就进入了这个证书之中；X2 如果为这个证书再申请 X1 签署证书，即 X1《X2》，则 X1 就也获得了 B 的公钥。有了这个链条，A 就可以通过向 X1 申请，从 X1 获得 B 的公钥。因此选 C。

（45）参考答案：C

试题解析 分组密码（Block Cipher）指的是将明文消息编码表示后的数字（简称明文数字）序列，划分成长度为 n 的组（可看成长度为 n 的矢量），每组分别在密钥的控制下变换成等长的输出数字（简称密文数字）序列。SM4 是我国采用的一种分组密码标准，主要用于数据加密，其算法公开，分组长度与密钥长度均为128bit，加密算法与密钥扩展算法都采用 32 轮非线性迭代结构。

（46）参考答案：C

🔖试题解析　SQL 注入攻击是指由于 Web 应用程序对用户输入数据的合法性没有判断或过滤不严，导致攻击者可以在 Web 应用程序中执行事先定义好的查询语句，以此来实现欺骗数据库服务器来执行非授权的 SQL 语句，从而进一步得到数据库内的信息。由 SQL 注入攻击的原理可知，SQL 注入攻击是先注入后攻击，C 选项说部署入侵检测系统阻断"攻击"，不管这有没有效，但至少这已经不能说是"防御"了。

（47）参考答案：A

🔖试题解析　本题是一道基础概念题。数据加密标准（Data Encryption Standard，DES）的明文分组和密钥长度均为 64bit，但是密钥中有 8bit 是校验位，可以由其他比特推算出来，因此真正的有效密钥长度是 56bit，软考中默认的 DES 密钥长度就是 56bit。

（48）参考答案：B

🔖试题解析　ICMP 是 IP 协议栈中的一个重要协议，ICMP 用于在主机与路由器间传输（差错）控制报文信息（如网络是否通、主机是否可达等），因此虽然 ICMP 数据报不承载数据，但也确实是 IP 协议中必需的一个部分。ICMP 封装在 IP 数据包中，其整体作为 IP 数据报的数据部分。IP 协议本身是一种面向无连接的、不可靠的网络层通信协议，因此 ICMP 协议的数据传输也是不可靠的。

（49）参考答案：A

🔖试题解析　边界网关协议（Border Gateway Protocol，BGP）邻居关系依赖邻居的自治系统（Autonomous System，AS）号，如果邻居的 AS 号配置错误，则不能正确地建立 BGP 邻居关系。

（50）参考答案：D

🔖试题解析　UOS Linux 系统中没有 ipconfig 这个命令，很显然 D 选项是不可能的，其他三个选项在 Linux 系统中都可以用于设置网卡的 IP 地址。

（51）参考答案：A

🔖试题解析　此题本质上与第 49 题为同一个知识点。Trap 报文是代理进程主动发出的报文，通知网络管理系统（Network Management System，NMS）有某些事件发生或者某些紧急情况。

（52）参考答案：D

🔖试题解析　200 台客户机，至少需要 2^8=256 个地址，也就是说至少需要 8bit 作为主机位，因此对应的网络位长度为 32−8=24。

（53）（54）参考答案：B　B

🔖试题解析　本题属于 IP 地址计算基础题。本题中只要计算出 192.168.27.45/27 对应的网络地址即可。首先根据 192.168.27.45/27 快速算出（把地址中的主机位全换为 0 即为网络地址）其网络地址，即 192.168.27.32；再算出该网络地址中的广播地址（即把主机位全换为 1），也就是 192.168.27.63，就可得此网络中的主机地址范围[33,62]。（53）选项中，33<35<63，因此选 B；（54）选 B。

本题也可以通过画出各 IP 的网络位及主机位的方法来做，网络位相同的即为位于同一网络的地址，再把该 IP 的主机位换为 0，得出网络地址，如下图所示。

	128	64	32	16	8	4	2	0
	网络位最低3位			主机位: 32-27=5位				
45	0	0	1	0	1	1	0	1
16	0	0	0	1	0	0	0	0
35	0	0	1	0	0	0	1	1
30	0	0	0	1	1	1	1	0
65	0	1	0	0	0	0	0	1

（55）**参考答案**：A

试题解析 私有地址就是在互联网上不能使用而只能在局域网中使用的地址。A、B、C 类网络中都保留部分私有地址。

A 类网络中，形如 10.X.X.X 的地址为私有地址，地址范围为 10.0.0.0～10.255.255.255；B 类网络中，172.16.0.0～172.31.255.255 为私有地址；C 类网络中 192.168.X.X 是私有地址，地址范围为 192.168.0.0～192.168.255.255。

（56）**参考答案**：B

试题解析 计算出每个 IP 地址的范围，比较选项中的地址是否是主机地址即可。A、C、D 选项是广播地址。只有 B 选项的第 3 字节的范围是 16～31，既不是网络地址也不是广播地址，可以作为主机地址。

（57）**参考答案**：D

试题解析 从接口下的三条命令来看，实际上就是禁用接口的自动协商，强制设置速度为 1000Mb/s，双工模式设置为半双工。

（58）**参考答案**：B

试题解析 本题是一道送分题。disp ip routing-table 表中，各个参数的作用见下表。

参数名	解释
Route Flags	路由标记：R 表示该路由是迭代路由；D 表示该路由下发到 FIB 表
Routing Tables：Public	表示此路由表是公网路由表。如果是私网路由表，则显示私网的名称，如 Routing Tables: GKYS
Destinations	显示目的网络/主机的总数
Routes	显示路由的总数
Destination/Mask	显示目的网络/主机的地址和掩码长度
Proto	显示学习到这些路由所用的路由协议。 Direct：表示直连路由； Static：表示静态路由； EBGP：表示 EBGP 路由； IBGP：表示 IBGP 路由； ISIS：表示 IS-IS 路由； OSPF：表示 OSPF 路由； RIP：表示 RIP 路由； UNR：表示用户网络路由（User Network Routes）

续表

参数名	解释
Pre	显示此路由的优先级，华为路由协议的优先级定义与思科不一样，要特别注意：DIRECT=0; OSPF=10; STATIC=60; IGRP=80; RIP=100; OSPFASE=150; BGP=170
Cost	显示此路由的路由开销值
Flags	显示路由标记，即路由表头的 Route Flags
NextHop	显示此路由的下一跳地址
Interface	显示此路由下一跳可达的出接口

（59）**参考答案**：D

试题解析 Flags 是路由标记字段，所给的图中第二行已经给出取值为 R 或 D 时的含义：R（relay）表示迭代路由，会根据路由下一跳的 IP 地址获取出接口；D（download to fib）表示该路由下发到 FIB 表。

（60）**参考答案**：C

试题解析 广播域太大是造成网络中充斥大量广播包的主要原因之一，为了限制一个网络中的广播数据包的数量，通常的方式是缩小广播域的范围，也就是划分更多的广播域。目前网络中最常用的解决方式是使用 VLAN 来对大的网络进行划分，变为更多的小网段，将广播包限制在小网段内，从而解决网络中广播数据包过多的问题。

（61）**参考答案**：D

试题解析 本题是一道送分题。vlan batch 30 40 命令的意思就是一次性创建 vlan30 和 vlan40，vlan batch 30 to 40 是一次性创建从 30 到 40 一共 11 个 VLAN。

（62）**参考答案**：A

试题解析 VLAN 的划分方式有多种，但并非所有交换机都支持，而且只能选择一种划分方式：①根据交换机端口来划分是最常用的 VLAN 划分方式，属于静态划分，例如 A 交换机的 1~12 号端口被定义为 VLAN1，13~24 号端口被定义为 VLAN2；②根据每个主机的 MAC 地址来划分，即对每个 MAC 地址的主机都配置其属于哪个组，属于**动态划分 VLAN**，这种方法的最大优点是当设备物理位置移动时，VLAN 不用重新配置；③根据每个主机的网络层地址或协议类型（如果支持多协议）划分，**属于动态划分 VLAN**，这种划分方法根据网络地址（如 IP 地址）划分，但与网络层的路由毫无关系，优点是用户的物理位置改变了，不需要重新配置所属的 VLAN，而且可以根据协议类型来划分，这对网络管理者来说很重要；④根据 IP 组播划分 VLAN，即认为一个组播组就是一个 VLAN，这种划分方法将 VLAN 扩展到了广域网，具有更强的灵活性，而且也很容易通过路由器进行扩展，当然这种方法不适合局域网，主要是因为效率不高，此方式属于**动态划分 VLAN**；⑤基于策略划分 VLAN，即根据管理员事先制定的 VLAN 规则，自动将加入网络中的设备划分到正确的 VLAN，此方式属于**动态划分 VLAN**。

（63）**参考答案**：B

试题解析 生成树协议（Spanning Tree Protocol，STP）是一种链路管理协议，为网络提供路径冗余，同时防止产生环路。

(64) 参考答案：A

🖋试题解析　软件定义网络（Software Defined Network，SDN）包含多种类型的技术，包括功能分离、网络虚拟化和通过可编程性实现的自动化。

(65) 参考答案：B

🖋试题解析　IEEE 802.11 系列标准的具体规定详见下表。

标准	运行频段	主要技术	数据速率
IEEE 802.11	2.400~2.483GHz	DBPSK、DQPSK	1Mb/s 和 2Mb/s
IEEE 802.11a	5.150~5.350GHz、5.725~5.850GHz，与 IEEE 802.11b/g 互不兼容	OFDM 调制技术	54Mb/s
IEEE 802.11b	2.400~2.483GHz，与 IEEE 802.11a 互不兼容	CCK 技术	11Mb/s
IEEE 802.11g	2.400~2.483GHz	OFDM 调制技术	54Mb/s
IEEE 802.11n	支持双频段，兼容 IEEE 802.11b 与 IEEE 802.11a 两种标准	MIMO（多进多出）与 OFDM 技术	300~600Mb/s
IEEE 802.11ac	核心技术基于 IEEE 802.11a，工作在 5.0GHz 频段上以保证向下兼容性	MIMO（多进多出）与 OFDM 技术	可达 1Gb/s

(66) 参考答案：B

🖋试题解析　CA（Certificate Authority）认证即电子认证服务，是指为电子签名相关各方提供真实性、可靠性验证的活动，因此不是 WLAN 接入的安全控制机制。

(67) 参考答案：D

🖋试题解析　本题考查的是无线信道的配置规则。通常为了避免同频干扰，相邻的信道之间，理论上相隔的信道越多越好。通常建议相隔的信道数最好能达到或超过 5。从本题的四个选项来看，选项 D 最合适。

(68) 参考答案：A

🖋试题解析　层次化网络设计模型通常分为三层，核心层主要实现不同区域间数据的高速转发，因此尽量不要在核心层添加其他过多的功能，比如终端用户网关通常部署在汇聚层会比较合适，因此 A 选项不正确。

(69) 参考答案：A

🖋试题解析　工作区子系统即指建筑物内的个人办公区域，是放置应用系统终端设备的地方。该子系统所包含的硬件包括信息插座、插座盒（或面板）、连接软线以及适配器或连接器等连接附件。

(70) 参考答案：D

🖋试题解析　根据综合布线规范，信息插座到网卡的距离不超过 10 米。考试要求考生掌握综合布线系统中各个子系统的基本特点、所在位置、线缆类型和距离等。

(71) 参考答案：A

🖋试题解析　成本估算是指对完成项目活动所需的所有费用的估计。它不仅包括直接成本的估算，还要包括间接成本等。

（72）（73）（74）（75）（76）**参考答案**：A B C A B

试题解析 网络安全是保护底层网络基础设施免受（72）未授权的访问、误用或盗窃，它涉及为设备、用户和应用程序创建一个安全的基础设施，使其以（73）安全的方式工作。网络安全结合了边缘和网络中的多层防御。每个网络安全层都实施（74）策略和控制。授权用户可以访问网络资源。（75）防火墙是一种网络安全设备，用于监控传入和传出的网络流量，并根据定义的安全规则决定允许或阻止特定的流量。通常在 internet 上，一个事实上的（76）私有网络对端点到网络连接进行加密。通常，远程访问 VPN 使用 IPSec 或安全套接层来验证设备和网络之间的通信。

（72）A. 未授权的　　　　B. 授权的　　　　C. 普通的　　　　D. 经常的
（73）A. 经济的　　　　　B. 安全的　　　　C. 公平的　　　　D. 有效的
（74）A. 计算　　　　　　B. 翻译　　　　　C. 策略　　　　　D. 模拟
（75）A. 防火墙　　　　　B. 路由器　　　　C. 网关　　　　　D. 交换机
（76）A. 公共的　　　　　B. 私有的　　　　C. 个人的　　　　D. 政治的

网络工程师 机考试卷第1套
应用技术卷参考答案及解析

试题一

【问题1】试题解析 这是一道基础概念题，主要考查考生对防火墙三个区域的理解。显然接口1所在的区域连接的是互联网，所以是属于外部网络或者叫 UnTrust 区域。接口2所在的区域连接内部核心交换机，所以是内部网络或者叫 Trust 区域。接口3与 Web 服务器区域连接，因此是非军事化区、隔离区（Demilitarized Zone，DMZ）。这是考试中常用的概念，一定要熟练掌握。

参考答案
（1）外部网络（Untrust）
（2）内部网络（Trust）
（3）非军事化区（隔离区或 DMZ）

【问题2】试题解析 虚拟路由冗余协议（Virtual Router Redundancy Protocol，VRRP）本质上是一种容错协议。它通过把几台设备组成一台虚拟的路由设备，当主机的下一跳设备出现故障时，通过适当的机制来保证可以及时将业务切换到其他备用设备，从而保持通信的连续和可靠，因此它的作用实际是提高网络的可用性。在两台使用 VRRP 协议的设备之间可以使用心跳线来连接，通过心跳线在设备之间相互监视对方的状态，一旦对方出现故障宕机，自己就可以立即进入工作状态以确保网络不中断。

参考答案
（4）当主机的下一跳设备出现故障时，可以及时将业务切换到其他设备以保证网络不中断
（5）心跳
（6）可以相互监视对方的状态，一旦对方出现故障宕机，自己就可以立即进入工作状态确保网络不中断

【问题3】试题解析 因为交换机 A 和 B 配置了 VRRP 协议，对应的 VRRP 组的虚拟地址是192.168.20.1，因此 PC1 的默认网关地址应该指向 192.168.20.1。

要在核心交换机上配置一条到达防火墙的默认路由，关键是确定下一跳的地址，即目标地址，从拓扑图中可以看到，这个目标地址就是防火墙内网接口的地址，即 12.0.0.1，默认静态路由的配置命令是：ip route-static 0.0.0.0 0.0.0.0 12.0.0.1。如果要禁止 PC1 访问财务服务器，明显是需要对设备的网络层地址进行限制，因此在交换机上可以采用访问控制列表（Access Control List，ACL）进行访问限制。

参考答案 （7）192.168.20.1 （8）12.0.0.1 （9）访问控制列表（ACL）

【问题4】试题解析 交换机之间的连接方式主要有级联和堆叠两种。其中能够共享交换机背

板带宽的是通过专用的堆叠端口和堆叠电缆来实现,这种方式价格较高,但是可以共享交换机背板带宽,具有性能上的优势。而普通的级联方式可以使用双绞线将交换端口直接连接在一起,成本低廉,但是这种方式不能共享背板带宽,存在带宽瓶颈的问题。

参考答案

（10）级联（堆叠）
（11）堆叠（级联）
（12）堆叠
（13）级联

试题二

【问题1】试题解析 GRE 隧道和 IPSec 隧道都是典型的 VPN 技术。GRE 隧道是一种无状态的隧道协议,这表明每个隧道端点都没有远端的状态或可用性的信息。它仅负责封装和解封装数据包,而不进行路由决策。这使得它可以与各种不同的路由协议一起使用。它可以建立基于 IP 的点对点隧道。GRE 隧道支持多种网络层协议,可以建立多种类型的隧道。而 IPSec 隧道是一种有状态的隧道协议,它可以建立基于 IP 的网络隧道,但它只能建立 IPv4 或 IPv6 类型的隧道。此外,GRE 隧道和 IPSec 隧道在功能上也有很大的差异。GRE 隧道可以支持内部网络的跨网段通信,但不能提供数据安全性。而 IPSec 隧道可以支持内部网络的跨网段通信,同时可以提供数据安全性,这是 GRE 隧道无法实现的。

GRE over IPSec 可利用 GRE 和 IPSec 的优势,通过 GRE 将组播、广播和非 IP 报文封装成普通的 IP 报文,通过 IPSec 为封装后的 IP 报文提供安全通信,进而可以提供在总部和分支之间安全地传送广播、组播的业务,确保内部网络可以通过 OSPF 互通。

参考答案

不可行,应该采用 GRE over IPSec,因为 GRE 无法实现数据加密,但是可以支持 OSPF 协议,IPSec VPN 可以加密,但是不能支持组播业务,因此需要采用 GRE over IPSec 的方式。

【问题2】试题解析 第（1）空,根据前面命令的提示内容为加密算法,只有 C 选项是加密算法,所以选 C。第（2）空,根据前面命令的提示内容是认证算法,只有 B 选项是哈希算法,具有认证功能。确定第（1）（2）空后剩下第（3）空只能选 A。第（3）空根据前面的命令提示是配置 DH 密钥交换算法。第（4）（5）空和第（1）（2）空类似。

参考答案

（1）C　　（2）B　　（3）A　　（4）B　　（5）C

【问题3】试题解析 IPSec VPN 配置的内容比较多,首先要配置好这些设备路由可达,也就是配置好基本的网络参数。接下来定义好哪些数据需要经过隧道传输,哪些数据不需要经过隧道,通常通过 ACL 进行区分。剩下的内容主要是隧道的相关安全配置,在华为的设备配置中,主要是配置好相关的 IKE 安全提议和 IKE 对等体,IPSec 的安全提议和安全策略。最后再确定在哪些接口上启用这个安全策略,实现数据的安全通信。

参考答案

①配置接口的 IP 地址和到对端的静态路由；②定义需要保护的数据流；③配置 IKE 安全提

议；④配置IKE对等体；⑤配置IPSec安全提议；⑥配置IPSec安全策略；⑦接口上应用IPSec安全策略。

【问题4】试题解析　　失效对等体检测（Dead Peer Detect，DPD）是Keepalive机制的一种替代机制，当两个对等体之间采用IKE和IPSec进行通信时，对等体之间可能会由于路由问题、对等体重启或其他原因等导致连接断开。IKE协议本身没有提供对等体状态检测机制，一旦发生对等体不可达的情况，只能等待安全联盟的生存周期到期。生存周期到期之前，对等体之间的安全联盟将一直存在。安全联盟连接的对等体不可达将引发"黑洞"，导致数据流被丢弃。通常情况下，需要识别和检测到这些"黑洞"，以便尽快恢复IPSec通信。

IPSec隧道建立后业务访问速度慢、时断时续主要可能的原因有：

（1）SA、攻击防范等特性影响。SA、攻击防范等特性都非常消耗CPU资源，故当路由器上同时开启IPSec、SA、攻击防范等特性时可能会出现IPSec业务访问速度明显变慢的情况，数据流量越大问题越明显。

（2）DPD报文中的载荷顺序不一致。DPD报文中的载荷顺序不一致时，一端DPD检测失败，造成IPSec隧道震荡，导致业务时断时续。

（3）中间网络丢包。IPSec是构建于Internet之上的虚拟网络，所以Internet的传输质量直接影响IPSec业务质量。

（4）分片报文过多。IPSec对IP报文进行再次封装导致IP报文长度变长，IP报文在传送过程中超过链路MTU时将被分片发送，接收端需重组后再解析。分片和重组都需要消耗CPU资源，同时分片报文的加密、解密过程也需要消耗更多的CPU资源。当分片报文比例过大时，CPU资源告急可能会导致访问速度下降、报文丢包。

参考答案

①SA、攻击防范等特性影响；②DPD报文中的载荷顺序不一致；③中间网络丢包；④分片报文过多。

试题三

【问题1】试题解析

根据题干知道ACL2000用于定义视频业务流，从图中可知视频服务器的地址为2.2.2.11，而acl中的反掩码是0.0.255.255，因此确定第（1）空是2.2.0.0。

第（2）空对应的ACL 3000定义的Web业务流，而Web业务流的目标端口是80，这里要注意，一定是eq 80，也就是目标端口等于80的数据流。

参考答案　（1）2.2.0.0　（2）eq 80

【问题2】试题解析

第（3）空结合上下文，从题干中可知这是acl 2000对应的视频数据，需要走ISP1，从图3-1中可知要走ISP1，对应的下一跳地址是30.13.0.3。

第（4）空同理，直接从图中找到ISP2对应的地址即可，也就是40.14.0.4。

第（5）空根据配置的上下文可以知道，针对Web流量的流行为是b2。

第（6）空，结合图中的R1 G0/0/0接口，明显是inbound方向。

参考答案　（3）30.13.0.3　（4）40.14.0.4　（5）b2　（6）inbound

【问题3】试题解析

第（7）空，根据配置后面的解释"//配置NQA测试目的地址"知道这是设置NQA的目标地址，结合图中的信息，可知这个地址是指向40.14.0.1。

第（8）空，这是设置一条到30.0.0.0 255.0.0.0这个网络的静态路由的网关地址，显然结合图中的地址信息和上下文配置，可知这个地址是30.23.0.3。

第（9）空，结合上下文可知地址应为30.23.0.3。

第（10）空根据上下文和题干要求，使用5G网络作为应急备份，因此优先级值为120的是备用，对应的接口地址是50.15.0.5。

参考答案　（7）40.14.0.1　（8）30.23.0.3　（9）30.23.0.3　（10）50.15.0.5

试题四

【问题1】试题解析

VLAN的主要划分方式有：

（1）基于端口划分。这种划分方式是依据交换机端口来划分VLAN的，是最常用的VLAN划分方式，属于静态划分。

（2）基于MAC地址划分。这种划分方法是根据每个主机的MAC地址来划分的，即对每个MAC地址的主机都配置其属于哪个组，属于动态划分VLAN。这种方法的最大优点是当设备物理位置移动时，VLAN不用重新配置；缺点是初始化时，所有的用户都必须进行配置，配置工作量大，如果网卡更换或设备更新，又需重新配置。

（3）基于网络层上层协议划分。这种划分方法是根据每个主机的网络层地址或协议类型（如果支持多协议）划分的，属于动态划分VLAN。这种划分方法根据网络地址（如IP地址）划分，但与网络层的路由毫无关系。优点是用户的物理位置改变了，不需要重新配置所属的VLAN，而且可以根据协议类型来划分，这对网络管理者来说很重要。

（4）基于IP组播划分VLAN。IP组播实际上也是一种VLAN的定义，即认为一个组播组就是一个VLAN。这种划分方法将VLAN扩展到了广域网，因此这种方法具有更强的灵活性，而且也很容易通过路由器进行扩展，但这种方法不适合局域网，主要是因为效率不高。该方式属于动态划分VLAN。

（5）基于策略的VLAN。根据管理员事先制定的VLAN规则，自动将加入网络中的设备划分到正确的VLAN。该方式属于动态划分VLAN。

显然，移动PC通过MAC地址标识所在的VLAN，是基于MAC地址的VLAN划分方法。

典型优点是当用户的物理位置发生改变时，不需要重新配置VLAN，提高了用户的安全性和接入的灵活性。

缺点也明显，就是需要预先定义网络中的所有成员，配置复杂，对管理员的要求更高。

参考答案

基于MAC地址的VLAN划分

优点：当用户的物理位置发生改变时，不需要重新配置 VLAN，提高了用户的安全性和接入的灵活性。

缺点：需要预先定义网络中的所有成员，配置复杂。

【问题 2】试题解析

第（1）空的命令考得比较多，结合上下文可知是 system-view。

第（2）空结合题干的提示，需要创建两个 VLAN，分别是 VLAN100 和 VLAN200。

第（3）空是要确定接口对应的 VLAN 编号，从上下文可知是 VLAN 100。

第（4）空从上下文提示信息可知，使用 hybrid 类型的接口，对于指定的 VLAN 要使用 untagged。

第（5）空相对比较简单，指定接口对应的 VLAN 是 VLAN 200。

参考答案

（1）system-view

（2）100 200

（3）100

（4）untagged

（5）200

【问题 3】试题解析

第（6）空是在 VLAN 100 视图中配置的，也就是要指定这个 VLAN 对应的主机的 MAC 地址，根据题干给出的信息可知，VLAN 对应的是 PC1，其 MAC 地址是 0001-00ef-00c0，因此这里只要填写对应的 MAC 地址即可。

第（7）空同理，指定 PC2 的 MAC 地址。

第（8）空根据 SwitchA 的接口 gigabitethernet 1/0/1 接入的是 VLAN100 的服务器，因此只要允许 VLAN 100 通过即可，也就是对 VLAN 100 设置 untagged 即可。

第（9）空明显是在该接口使能 MAC VLAN，因此是 enable。

参考答案

（6）0001-00ef-00c0

（7）0001-00ef-00c1

（8）100

（9）enable

网络工程师 机考试卷第2套
基础知识卷

- 微机系统中，__(1)__ 不属于CPU的运算器组成部件。
  (1) A．程序计数器　　B．多路转换器　　C．累加寄存器　　D．ALU单元
- 量子密钥分发（QKD）中，量子不可克隆定理的作用是 __(2)__ 。
  (2) A．确保量子态可以被完美复制　　　　B．防止窃听者复制传输中的量子态
  　　C．提高密钥生成速率　　　　　　　　D．降低通信延迟
- 以下关于区块链的说法中，错误的是 __(3)__ 。
  (3) A．目前区块链可分为公有链、私有链、联盟链三种类型
  　　B．区块链技术是一种全面记账的方式
  　　C．区块链是加密数据按照时间顺序叠加生成的临时的、不可逆的记录
  　　D．比特币的底层技术是区块链
- 在5G网络中，OFDM的主要优势不包括 __(4)__ 。
  (4) A．抗多径干扰　　　　　　　　　　　B．高频谱利用率
  　　C．低时延　　　　　　　　　　　　　D．提供灵活的资源分配
- 以下选项中，不属于计算机操作系统主要功能的是 __(5)__ 。
  (5) A．为其他软件提供良好的运行环境　　B．充分发挥计算机资源的效率
  　　C．管理计算机系统的软硬件资源　　　D．存储数据
- 采用多道程序设计可以有效地提高CPU、内存和I/O设备的 __(6)__ 。
  (6) A．兼容性　　　B．可靠性　　　C．灵活性　　　D．利用率
- 根据《计算机软件保护条例》的规定，对软件著作权的保护不包括 __(7)__ 。
  (7) A．软件文档　　B．目标程序　　C．源程序　　D．软件中采用的算法
- 对十进制数47和0.25分别表示为十六进制形式，为 __(8)__ 。
  (8) A．2F, 0.4　　B．3B, 0.D　　C．3B, 0.4　　D．2F, 0.D
- 信息安全强调信息/数据本身的安全属性，下列 __(9)__ 不属于信息安全的属性。
  (9) A．信息的完整性　B．信息的秘密性　C．信息的可用性　D．信息的实时性
- __(10)__ 是构成我国保护计算机软件著作权的两个基本法律文件。
  (10) A．《计算机软件保护条例》和《软件法》
  　　 B．《中华人民共和国著作权法》和《软件法》
  　　 C．《中华人民共和国著作权法》和《计算机软件保护条例》
  　　 D．《中华人民共和国版权法》和《中华人民共和国著作权法》

- 光纤通信中，__(11)__ 设备可以将光信号放大进行远距离传输。
  (11) A．光纤中继器　　　B．光纤耦合器　　　C．光发信机　　　D．光检测器
- 以下关于以太网交换机的说法中，错误的是__(12)__。
  (12) A．以太网交换机工作在数据链路层
  　　B．以太网交换机可以隔离冲突域
  　　C．以太网交换机中存储转发交换方式相比直接交换方式其延迟最短
  　　D．以太网交换机通过 MAC 地址表转发数据
- 在曼彻斯特编码中，若波特率为 10Mb/s，其数据速率为__(13)__ Mb/s。
  (13) A．5　　　　　　B．10　　　　　C．16　　　　　D．20
- 某信道带宽为 1MHz，采用 4 幅度 8 相位调制最大可以组成__(14)__种码元；若此信道信号的码元宽度为 10 微秒，则数据速率为__(15)__ kb/s。
  (14) A．5　　　　　　B．10　　　　　C．16　　　　　D．32
  (15) A．50　　　　　B．100　　　　C．500　　　　D．1000
- 使用 ADSL 接入电话网采用的认证协议是__(16)__。
  (16) A．802.1x　　　B．PPPoA　　　C．802.5　　　D．PPPoE
- 划分成 11 个互相覆盖的信道，中心频率间隔为__(17)__ MHz。
  (17) A．4　　　　　　B．5　　　　　C．6　　　　　D．7
- HDLC 协议中，帧的编号和应答号存放在__(18)__字段中。
  (18) A．标志　　　　B．地址　　　　C．控制　　　　D．数据
- 以 100Mb/s 以太网连接的站点 A 和 B 相隔 2000m，通过停等机制进行数据传输，传播速率为 200m/μs，有效的传输速率为__(19)__ Mb/s。
  (19) A．80.8　　　　B．82.9　　　　C．90.1　　　　D．92.3
- ARP 报文分为 ARP Request 和 ARP Response，其中 ARP Request 采用__(20)__进行传送，ARP Response 采用__(21)__进行传送。
  (20) A．广播　　　　B．组播　　　　C．多播　　　　D．单播
  (21) A．广播　　　　B．组播　　　　C．多播　　　　D．单播
- ping 使用了__(22)__类型的 ICMP 查询报文。
  (22) A．Redirect for Host　　　　　B．Host Unreachable
  　　C．Echo Reply　　　　　　　　D．Source Quench
- 以下关于路由协议的叙述中，错误的是__(23)__。
  (23) A．路由器之间可以通过路由协议学习网络的拓扑结构
  　　B．动态路由协议可以分为距离向量路由协议和链路状态路由协议
  　　C．路由协议是一种允许数据包在主机之间传送信息的协议
  　　D．路由协议是通过执行一个算法来完成路由选择的一种协议
- 以下关于 RIPv2 对于 RIPv1 改进的说法中，错误的是__(24)__。
  (24) A．RIPv2 是基于链路状态的路由协议
  　　B．RIPv2 可以支持认证，有明文和 MD5 两种方式

C． RIPv2 可以支持 VLSM
D． RIPv2 采用的是组播更新
- 以下关于 OSPF 路由协议的说法中，错误的是　(25)　。
（25）A． OSPF 是一种内部网关路由协议
B． OSPF 是基于分布式的链路状态协议
C． OSPF 可以用于自治系统之间的路由选择
D． OSPF 为减少洪泛链路状态的信息量，可以将自治系统划分为更小的区域
- 以下关于 IS-IS 路由协议的说法中，错误的是　(26)　。
（26）A． IS-IS 是基于距离矢量的路由协议
B． IS-IS 路由协议中 Level-2 路由器可以和不同区域的 Level-2 或者 Level-2 路由器形成邻居关系
C． IS-IS 路由协议将自治系统分为骨干区域和非骨干区域
D． IS-IS 属于内部网关路由协议
- 以下关于 OSPF 协议的描述中，错误的是　(27)　。
（27）A． OSPF 网络中用区域 0 来表示主干网
B． OSPF 路由器中可以配置多个路由进程
C． OSPF 是一种链路状态协议
D． OSPF 使用 LSA 报文维护邻居关系
- Telnet 是一种用于远程访问的协议。以下关于 Telnet 的描述中，正确的是　(28)　。
（28）A． 用 UDP 作为传输层协议　　　　B． 默认端口号是 23
C． 一种安全的通信协议　　　　　　D． 不能传输登录口令
- Cookie 为客户端持久保存数据提供了方便，但也存在一定的弊端，下列选项中，不属于 Cookie 弊端的是　(29)　。
（29）A． 增加流量消耗　　　　　　　　B． 明文传输，存在安全性隐患
C． 存在敏感信息泄露风险　　　　　D． 保存访问站点的缓存数据
- 下列端口号中，不属于常用电子邮件协议默认使用的是　(30)　。
（30）A． 23　　　　B． 25　　　　C． 110　　　　D． 143
- 以下关于 IPv6 与 IPv4 比较的说法中，错误的是　(31)　。
（31）A． IPv4 的头部是变长的，IPv6 的头部是定长的
B． IPv6 与 IPv4 中均有头部校验和字段
C． IPv6 中的 HOP Limit 字段作用类似于 IPv4 中的 TTL 字段
D． IPv6 中的 Traffic Class 字段作用类似于 IPv4 中的 ToS 字段
- 在 DNS 服务器中，区域的邮件服务器及其优先级由　(32)　资源记录定义。
（32）A． SOA　　　　B． NS　　　　C． PTR　　　　D． MX
- 在 UOS Linux 中，要使用命令 "chmod -r xxx/home/abc" 修改目录/home/abc 的访问权限为可读、可写、可执行，命令中的 "xxx" 应该是　(33)　。
（33）A． 777　　　　B． 555　　　　C． 444　　　　D． 222

● 在 Windows 中，DNS 客户端手工向服务器注册时使用的命令是 __(34)__ 。
　　(34) A．ipconfig /release　　　　　　　　B．ipconfig /flushdns
　　　　 C．ipconfig /displaydns　　　　　　　D．ipconfig /registerdns
● 以下最适合使用 Nginx 作为反向代理服务器的场景是 __(35)__ 。
　　(35) A．实时视频流处理　　　　　　　　B．高并发静态资源分发
　　　　 C．复杂业务逻辑计算　　　　　　　D．数据库事务管理
● Windows 中，在命令行输入 __(36)__ 命令可以得到如下的回复。

```
Server: UnKnown
Address: 159.47.11.80
xxx.edu.cn
primary name server = nsl. xxx.edu.cn
responsible mail addr = mail@xxx.edu.cn
serial = 2020061746
refresh = 1200 (20 mins)
retry =7200(2 hours)
expire = 3600(1 hour)
default TTL = 3600(1 hour)
```

　　(36) A．nslookup -type=A xxx.edu.cn　　　　B．nslookup -type=CNAME xxx.edu.cn
　　　　 C．nslookup -type=NS xxx.edu.cn　　　　D．nslookup -type=PTR xxx.edu.cn
● 用户使用 ftp://zza.com 访问某文件服务，默认通过目标端口为 __(37)__ 的请求建立 __(38)__ 连接。
　　(37) A．20　　　　　B．21　　　　　C．22　　　　　D．23
　　(38) A．TCP　　　　B．UDP　　　　C．HTTP　　　　D．FTP
● 用户使用域名访问某网站时，通过 __(39)__ 得到目的主机的 IP 地址。
　　(39) A．HTTP　　　B．ARP　　　　C．DNS　　　　D．ICMP
● 用户可以使用 __(40)__ 向 DHCP 服务器重新请求 IP 地址配置。
　　(40) A．ipconfig /renew　　B．ipconfig /release　　C．ipconfig /reconfig　　D．ipconfig /reboot
● UOS Linux 防火墙 iptables 命令的-p 参数表示 __(41)__ 。
　　(41) A．协议　　　　B．表　　　　　C．策略　　　　D．跳转
● 以下 UOS Linux 命令中， __(42)__ 可以实现允许 IP 为 10.0.0.2 的客户端访问本机 tcp 22 端口。
　　(42) A．iptables -I INPUT-d 10.0.0.2-p tcp--sport 22-j DROP
　　　　 B．iptables -I INPUT-s 10.0.0.2-p tcp--sport 22-j DROP
　　　　 C．iptables -I INPUT-d 10.0.0.2-p tcp--sport 22-j ACCEPT
　　　　 D．iptables -I INPUT-s 10.0.0.2-p tcp--dport 22 -j ACCEPT
● PKI 证书主要用于确保 __(43)__ 的合法性。
　　(43) A．主体私钥　　B．CA 私钥　　　C．主体公钥　　D．CA 公钥
● AES 是一种 __(44)__ 。
　　(44) A．公钥加密算法　　B．流密码算法　　C．分组加密算法　　D．消息摘要算法
● 以下关于 HTTPS 的描述中，正确的是 __(45)__ 。
　　(45) A．HTTPS 和 SHTTP 是同一个协议的不同简称

B．HTTPS 服务器端使用的缺省 TCP 端口是 110
C．HTTPS 是传输层协议
D．HTTPS 是 HTTP 和 SSL/TLS 的组合

- 在 SNMP 各项功能中属于网络控制功能的是__(46)__。
(46) A．性能管理　　　B．计费管理　　　C．配置管理　　　D．故障管理
- 某主机无法上网，查看"本地连接"属性中的数据发送情况，发现只有发送没有接收，造成该主机网络故障的原因最有可能是__(47)__。
(47) A．IP 地址配置错误　　　　　　B．TCP/IP 协议故障
　　　C．网络没有物理连接　　　　　D．DNS 配置不正确
- 某主机 IP 地址为 192.168.1.1，其网络故障表现为时断时续。通过软件进行抓包分析，结果如下图所示，造成该主机网络故障的原因可能是__(48)__。

Source	Destination	Protoc	Length	Info
50:fa:84:77:2b:c0	Broadcast	ARP	60	who has 192.168.1.103? Tell 192.168.1.1
50:fa:84:77:2b:c0	Broadcast	ARP	60	who has 192.168.1.103? Tell 192.168.1.1
50:fa:84:77:2b:c0	Broadcast	ARP	60	who has 192.168.1.105? Tell 192.168.1.1
50:fa:84:77:2b:c0	Broadcast	ARP	60	who has 192.168.1.105? Tell 192.168.1.1
78:24:af:9c:c5:9b	Broadcast	ARP	42	who has 192.168.1.1? Tell 192.168.1.101
50:fa:84:77:2b:c0	78:24:af:9c:c5:9b	ARP	60	192.168.1.1 is at 50:fa:84:77:2b:c0
78:24:af:9c:c5:9b	Broadcast	ARP	42	who has 192.168.1.1? Tell 192.168.1.101
50:fa:84:77:2b:c0	78:24:af:9c:c5:9b	ARP	60	192.168.1.1 is at 50:fa:84:77:2b:c0
50:fa:84:77:2b:c0	Broadcast	ARP	60	who has 192.168.1.107? Tell 192.168.1.1
50:fa:84:77:2b:c0	Broadcast	ARP	60	who has 192.168.1.107? Tell 192.168.1.1

(48) A．网关地址配置不正确　　　　B．DNS 配置不正确或者工作不正常
　　　C．该网络遭到 ARP 病毒的攻击　D．该主机网卡硬件故障
- 某数据中心做存储系统设计，从性价比角度考量，最合适的冗余方式是__(49)__，当该 RAID 配备 N 块磁盘时，实际可用数为__(50)__块。
(49) A．RAID 0　　　B．RAID 1　　　C．RAID 5　　　D．RAID 10
(50) A．N　　　　　B．N-1　　　　C．$N/2$　　　　D．$N/4$
- 下面的 IP 地址中，能够作为主机地址的是__(51)__。
(51) A．168.254.0.243/30　　　　B．10.20.30.40/29
　　　C．172.16.18.0/22　　　　　D．192.168.11.191/26
- 下面的 IP 地址中，不属于同一网络的是__(52)__。
(52) A．172.20.34.28/21　　　　　B．172.20.39.100/21
　　　C．172.20.32.176/21　　　　D．172.20.40.177/21
- 某公司中，最大的局域网可容纳 200 个主机，最小的局域网可容纳 20 个主机，若使用可变长子网掩码划分子网，其最长的掩码__(53)__位，最短的掩码__(54)__位。
(53) A．24　　　　B．25　　　　C．26　　　　D．27
(54) A．24　　　　B．25　　　　C．26　　　　D．27
- 公司要为 900 个终端分配 IP 地址，下面的地址分配方案中，在便于管理的前提下，最节省网络资源的方案是__(55)__。
(55) A．使用 B 类地址段 172.16.0.0/16

35

B. 任意分配 4 个 C 类地址段
C. 将 192.168.1.0、192.168.2.0、192.168.3.0、192.168.4.0 进行聚合
D. 将 192.168.32.0、192.168.33.0、192.168.34.0、192.168.35.0 进行聚合

- 下列命令片段含义是__(56)__。

```
<Huawei>system-view
[Huawei]observe-port 1 interface gigabitethernet 0/0/1
[Huawei]interface gigabitethernet 0/0/2
[Huawei-gigabitethernet0/0/2] port-mirroring to observe-port 1 inbound
```

(56) A. 配置端口镜像　　　　　　　　　　B. 配置链路聚合
　　　C. 配置逻辑接口　　　　　　　　　　D. 配置访问控制策略

- 使用__(57)__命令可以显示 OSPF 接口信息。

(57) A. display ospf error　　　　　　　B. display this
　　　C. display ospf brief　　　　　　　D. display ospf interface

- 下列命令片段实现的功能是__(58)__。

```
acl 3000
rule permit tcp destination-port eq 80 source 192.168.1.0 0.0.0.255
car cir 4096
```

(58) A. 限制 192.168.1.0 网段设备访问 HTTP 的流量不超过 4Mb/s
　　　B. 限制 192.168.1.0 网段设备访问 HTTP 的流量不超过 80Mb/s
　　　C. 限制 192.168.1.0 网段设备的 TCP 的流量不超过 4Mb/s
　　　D. 限制 192.168.1.0 网段设备的 TCP 的流量不超过 80Mb/s

- GVRP 定义的四种定时器中缺省值最小的是__(59)__。

(59) A. Hold 定时器　　　　　　　　　　B. Join 定时器
　　　C. Leave 定时器　　　　　　　　　 D. LeaveAll 定时器

- VLAN 帧的最小帧长是__(60)__字节，其中表示帧优先级的字段是__(61)__。

(60) A. 60　　　　　B. 64　　　　　C. 1518　　　　　D. 1522
(61) A. Type　　　 B. PRI　　　　 C. CFI　　　　　 D. VID

- 与 CSMA 相比，CSMA/CD __(62)__。

(62) A. 充分利用传播延迟远小于传输延迟的特性，减少了冲突后信道的浪费
　　　B. 将冲突的产生控制在传播时间内，减少了冲突的概率
　　　C. 在发送数据前和发送数据过程中侦听信道，不会产生冲突
　　　D. 站点竞争信道，提高了信道的利用率

- 采用 CSMA/CD 进行介质访问，两个站点连续冲突 3 次后再次冲突的概率为__(63)__。

(63) A. 1/2　　　　 B. 1/4　　　　 C. 1/8　　　　　 D. 1/16

- CSMA/CD 采用的介质访问技术属于资源的__(64)__。

(64) A. 轮流使用　　B. 固定分配　　C. 竞争使用　　　D. 按需分配

- 下列 IEEE 802.11 系列标准中，支持 2.4GHz 和 5GHz 两个工作频段的是__(65)__。

(65) A. 802.11a　　 B. 802.11ac　　C. 802.11b　　　 D. 802.11n

- 以下关于无线漫游的说法中，错误的是__(66)__。
  (66) A. 漫游是由 AP 发起的
       B. 漫游分为二层漫游和三层漫游
       C. 三层漫游必须在同一个 SSID
       D. 客户端在 AP 间漫游，AP 可以处于不同的 VLAN
- 在大型无线网络中，AP 通过 DHCP option __(67)__ 来获取 AC 的 IP 地址。
  (67) A. 43   B. 60   C. 66   D. 138
- 在网络系统设计时，不可能使所有设计目标都能达到最优，下列措施中较为合理的是__(68)__。
  (68) A. 尽量让最低建设成本目标达到最优   B. 尽量让最短的故障时间目标达到最优
       C. 尽量让最大的安全性目标达到最优   D. 尽量让优先级较高的目标达到最优
- 在项目管理过程中，变更总是不可避免，作为项目经理应该让项目干系人认识到__(69)__。
  (69) A. 在项目设计阶段，变更成本较低
       B. 在项目实施阶段，变更成本较低
       C. 项目变更应该由项目经理批准
       D. 应尽量满足建设要求，不需要进行变更控制
- 项目范围管理过程如下所示，其正确的流程顺序是__(70)__。
  ①定义范围　②核实范围　③收集需求　④控制范围　⑤创建工作分解结构
  (70) A. ②④①③⑤   B. ①②④③⑤   C. ①②③④⑤   D. ③①⑤②④
- The Address Resolution Protocol(ARP) was developed to enable communications on an internetwork and perform a required function in IP routing. ARP lies between layers __(71)__ of the OSI mode, and allows computers to introduce each other across a network prior to communication. ARP finds the __(72)__ address of a host from its known __(73)__ address. Before a device sends a datagram to another device, it looks in its ARP cache to see if there is a MAC address and corresponding IP address for the destination device. If there is no entry, the source device sends a __(74)__ message to every device on the network. Each device compares the IP address to its own. Only the device with the matching IP address replies with a packet containing the MAC address for the device (except in the case of "proxy ARP"). The source device adds the __(75)__ device MAC address to its ARP table for future reference.
  (71) A. 1 and 2   B. 2 and 3   C. 3 and 4   D. 4 and 5
  (72) A. IP   B. logical   C. hardware   D. network
  (73) A. IP   B. physical   C. MAC   D. virtual
  (74) A. unicast   B. multicast   C. broadcast   D. point-to-point
  (75) A. source   B. destination   C. gateway   D. proxy

网络工程师 机考试卷第 2 套
应用技术卷

试题一（20 分）

阅读以下说明，回答【问题 1】至【问题 3】，将解答填入答题纸的对应栏内。

【说明】某校园社区 WLAN 网络拓扑结构如图 1-1 所示，数据规划内容见表 1-1。该网络采用敏捷分布式组网在每个宿舍部署一个 AP，AP 连接到中心 AP，所有 AP 和中心 AP 统一由 AC 进行集中管理。为每个宿舍提供高质量的 WLAN 网络覆盖。

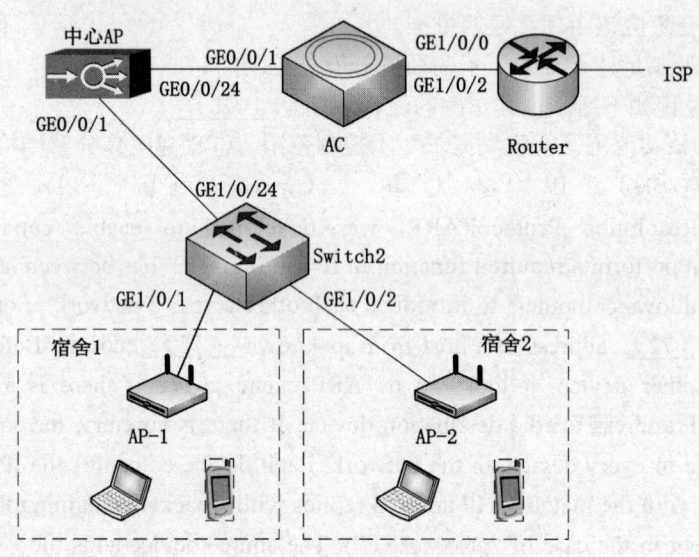

图 1-1 某校园社区 WLAN 网络拓扑结构

表 1-1 数据规划内容表

配置项	数据
Router GE1/0/0	Vlanif101:10.23.101.2/24
AC GE0/0/2	Vlanif101:10.23.101.1/24（业务 Vlan）
AC GE0/0/1	Vlanif100:10.23.100.1/24（管理 Vlan）
DHCP 服务器	AC 作为 DHCP 服务器为用户、中心 AP 和接入 AP 分配 IP 地址
AC 的源接口 IP 地址	Vlanif100:10.23.100.1/24

续表

配置项	数据
AP 组	名称：ap-group1；引用模板：VAP 模板 wlan-net、域管理模板 default
域管理模板	名称：default；国家代码：中国（cn）
SSID 模板	名称：wlan-net；SSID 名称：wlan-net
安全模板	名称：wlan-net；安全策略：WPA-WPA2+PSK+AES；密码：a1234567
VAP 模板	名称：wlan-net；转发模式：隧道转发；业务 vlan：Vlan101；引用模板：SSID 模板 wlan-net、安全模板 wlan-net
Switch2	默认接口都加入了 VLAN1，二层互通，不用配置

【问题 1】（10 分）

1．补充命令片段的配置

Router 的配置文件
[Huawei]sysname Router
[Router] vlan batch　（1）　
[Router]interface gigabitethernet 1/0/0
[Router-gigabitethernet1/0/0]port link-type trunk
[Router-gigabitethernet1/0/0]port trunk allow-pass vlan 101
[Router-gigabitethernet1/0/0]quit
[Router]interface vlanif 101
[Router-Vlanif101] ip address　（2）　
[Router-Vlanif101]quit

2．AC 的配置文件

#配置 AC 和其他网络设备互通
[Huawei]sysname　（3）　
[AC] vlan batch 100 101
[AC]interface gigabitethernet0/0/1
[AC-gigabitethernet0/0/1]port link-type trunk
[AC-gigabitethernet0/0/1]port trunk pvid vlan 100
[AC-gigabitethernet0/0/1] port trunk allow-pass vlan 100
[AC-gigabitethernet0/0/1]port-isolate　（4）　
[AC-gigabitethernet0/0/1]quit
[AC]interface gigabitethernet0/0/2
[AC-gigabitethernet0/0/2]port link-type trunk
[AC-gigabitethernet0/0/2] port trunk allow-pass vlan 101
[AC-gigabitethernet0/0/1] quit
#配置中心 AP 和 AP 上线
[AC]wlan
[AC-wlan-view]ap-group name ap-group1
[AC-wlan-ap-group-ap-group1]quit
[AC-wlan-view]regulate-domain-profile name default
[AC-wlan-regulate-domain-default]country-code　（5）

```
[AC-wlan-regulate-domain-default]quit
[AC-wlan-view]ap-group name ap-group1
[AC-wlan-ap-group-ap-group1]regulatory-domain-profile__(6)__
Warning：Modifying the country code will clear channel，power and antenna gain configuration of radio and reset the ap，
Continue？[Y/N] Y
[AC-wlan-ap-group-ap-group1]quit
[AC-wlan-view]quit
[AC]capwap source interface__(7)__
[AC]wlan
[AC-wlan-view]ap auth-mode mac-auth
[AC-wlan-view]ap-id o ap-mac 68a8-2845-62fd //中心 ap 的 MAC 地址
[AC-wlan-ap-0]ap-name central_AP
Warning：This operation may cause AP reset。Continue:[Y/N]y
[AC-wlan-ap-0]ap-group ap-group1
Warning：This operation may cause AP reset。If the country code changes, it will clear channel, power and antenna gain
configurations of the radio, Whether to Continue:[Y/N]y
#配置业务参数
[AC-wlan-view]security-profile name wlan-set
[AC-wlan-sec-prof-wlan-set]security wpa-wpa2 psk pass-phrase__(8)__ aes
[AC-wlan-sec-prof-wlan-set]quit
[AC-wlan-view]ssid-profile name wlan-net
[AC-wlan-ssid-prof-wlan-set]ssid__(9)__
[AC-wlan-ssid-prof-wlan-set]quit
[AC-wlan-view]vap-profile name wlan-net
[AC-wlan-vap-prof-wlan-set]forward-mode tunnel
[AC-wlan-vap-prof-wlan-set]service-vlan vlan-id__(10)__
[AC-wlan-vap-prof-wlan-set]security-profile wlan-net
[AC-wlan-vap-prof-wlan-set]ssid-profile wlan-net
[AC-wlan-vap-prof-wlan-set]quit
[AC-wlan-view]ap-group name ap-group1
[AC-wlan-ap-group-ap-group1]vap-profile wlan-net wlan 1 radio 0
[AC-wlan-ap-group-ap-group1]vap-profile wlan-net wlan 1 radio 1
[AC-wlan-ap-group-ap-group1]quit
```

【问题 2】（6 分）

上述网络配置命令中，AP 的认证方式是 __(11)__ 方式，通过配置 __(12)__ 实现统一配置。

（11）、（12）备选答案：

A．MAC　　　　　　B．SN　　　　　　C．AP 地址　　　　D．AP 组

将 AP 加电后，执行 __(13)__ 命令可以查看到 AP 是否正常上线。

（13）备选答案：

A．display ap all　　　　B．display vap ssid

【问题 3】（4 分）

1．组播报文对无线网络空口的影响主要是 __(14)__ ，随着业务数据转发的方式不同，组播报文的抑制分别在 __(15)__ 和 __(16)__ 配置。

2．该网络 AP 部署在每一间宿舍的原因是 __(17)__ 。

试题二（20分）

阅读以下说明，回答【问题1】至【问题4】，将解答填入答题纸的对应栏内。

【说明】小王为某单位网络中心网络管理员，该网络中心部署有业务系统、网站对外提供信息服务，业务数据通过SAN存储网络集中存储在磁盘阵列上，使用RAID实现数据冗余；部署邮件系统供内部人员使用，并配备防火墙、入侵检测系统、Web应用防火墙、上网行为管理系统、反垃圾邮件系统等安全防护系统，防范来自内外部网络的非法访问和攻击。

【问题1】（4分）

网络管理员在处理终端A和终端B无法打开网页的故障时，在终端A上ping 127.0.0.1不通，故障可能是__(1)__原因造成；在终端B上能登录互联网即时聊天软件，但无法打开网页，故障可能是__(2)__原因造成。

（1）、（2）备选答案：

A．链路故障　　　　B．DNS配置错误　　　　C．TCP/IP协议故障　　　　D．IP配置错误

【问题2】（8分）

年初，网络管理员检测到部分境外组织借新冠疫情对我国信息系统频繁发起攻击，其中，图2-1访问日志所示为__(3)__攻击，图2-2访问日志所示为__(4)__攻击。

132.232.*.* 访问 www.xxx.com/default/save.php，可疑行为为：eval(base64_decode(S_POST))，已拦截。

图2-1

132.232.*.* 访问 www.xxx.com/NewsType.php/smallclass='union select 0, username+CHR(124)+password from admin'

图2-2

网络管理员发现邮件系统收到大量不明用户发送的邮件，标题含"武汉旅行信息收集""新型冠状病毒感染的预防和治疗"等和疫情相关的字样，邮件中均包含相同字样的Excel文件，经检测分析，这些邮件均来自境外组织，Excel文件中均含有宏，并诱导用户执行宏，下载和执行木马后门程序，这些驻留程序再收集重要目标信息，进一步扩展渗透，获取敏感信息，并利用感染电脑攻击防疫相关的信息系统，上述所示的攻击手段为__(5)__攻击，应该采取__(6)__等措施进行防范。

（3）～（5）备选答案：

A．跨站脚本　　　　B．SQL注入　　　　C．宏病毒　　　　D．APT
E．DDoS　　　　　　F．CC　　　　　　　G．蠕虫病毒　　　H．一句话木马

【问题3】（5分）

存储区域网络（Storage Area Network，SAN）可分为__(7)__、__(8)__两种，从部署成本和传输效率两个方面比较两种SAN，比较结果为__(9)__。

【问题4】（3分）

请简述RAID 2.0技术的优势（至少列出2点优势）。

试题三（20分）

阅读以下说明，回答【问题1】至【问题3】，将解答填入答题纸的对应栏内。

【说明】某企业网络拓扑见图3-1，网络规划见表3-1。所有业务网关均位于交换机Core上，有线终端、无线终端、无线AP均由DHCP服务器分配IP地址及网络参数。

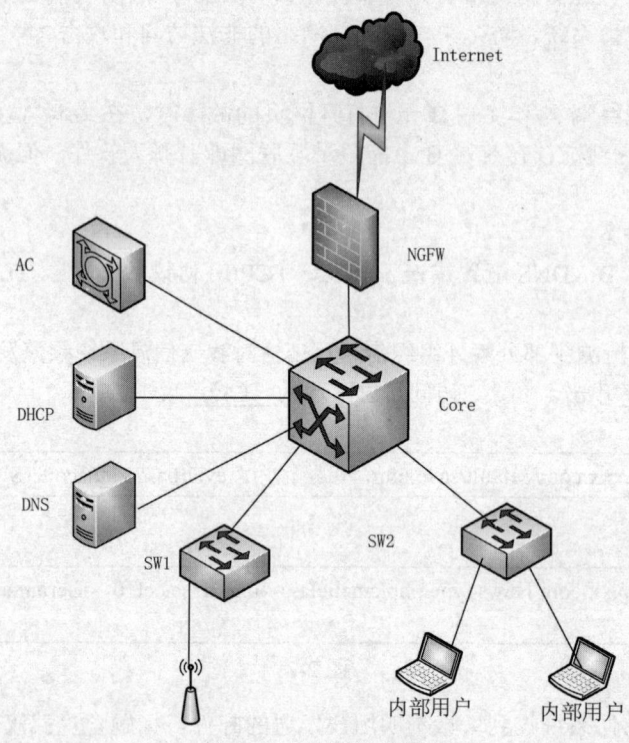

图3-1 网络拓扑图

表3-1 网络规划表

用途	网络地址	网关	VLAN	备注
设备管理	10.10.0.0/24	10.10.0.1	10	
无线AP管理	10.10.1.0/24	10.10.1.1	20	
无线业务	10.10.2.0/24	10.10.2.1	30	
有线业务	10.10.3.0/24	10.10.3.1	40	
Core与NGFW互联	10.10.4.0/24	—	100	
DHCP	10.10.5.2/24	10.10.5.1	50	
DNS	10.10.5.3/24	10.10.5.1	60	

【问题1】（4分）

管理员在 Core 上规划了 ACL，需求如下：

1. 只允许无线、有线终端访问 DNS 服务器。
2. 禁止无线用户访问设备管理、无线 AP 管理网络。请补充表 3-2 中的空缺项。

表 3-2 ACL 规划表

序号	源 IP	目的 IP	服务或端口	策略应用接口	方向	动作
1	（1）	10.10.5.3/32	DNS	GE0/4	Outbound	（2）
2	Any	10.10.5.3/32	DNS	GE0/4	Outbound	Deny
3	10.10.2.0/24	（3）	Any	VLAN-IF30	Inbound	（4）
4	10.10.2.0/24	Any	Any	VLAN-IF30	Inbound	Permit

【问题2】（8分）

网管员发现某台主机感染了病毒，大部分的文件后缀都变成了.lock，桌面背景被篡改，提示"All your data has been locked, mail to xxxx@lock.xyz"。该主机可能感染 （5） 类型的病毒，网管员应采取的措施包括 （6） （至少回答 3 点措施）。

【问题3】（8分）

网络使用一段时间后，用户反馈互联网业务变慢，网络管理员发现 NGFW 和 Core 之间下行带宽长时间利用率 100%，计划利用空闲的千兆端口，在 NGFW 和 Core 之间增加一条链路，实现链路带宽扩容以解决网络故障。

网络管理员规划了以下两种扩容技术方案：

方案一：原有链路不变，两台设备之间新增链路采用新的互联地址，通过配置静态路由形成 （7） 从而实现两条链路的流量负载。

方案二：采用链路聚合技术，将原有链路和新增链路捆绑在一起形成一条逻辑链路，实现链路带宽的提升。为防止接收端收到的数据包乱序，可采用 （8） 负载机制，既能保证同一数据流在同一条物理链路上转发，又实现了各物理链路上的负载分担。

网络管理员选择方案二进行配置，防火墙的链路聚合配置如下：

[NGFW] interface eth-trunk 1
[NGFW-Eth-Trunk1] trunkport gigabitethernet 0/1
[NGFW-Eth-Trunk1] trunkport gigabitethernet 0/2
[NGFW-Eth-Trunk1] load-balance src-dst mac
[NGFW-Eth-Trunk1] port link- type trunk
[NGFW-Eth-Trunk1] port trunk allow-pass vlan 100

交换机 Core 的链路聚合配置与防火墙相同，配置完成后，网络管理员发现网络体验并未得到改善，查看物理链路、聚合链路状态均正常，但流量依然集中在原有的链路上，新增链路几乎无流量。分析其原因是 （9） ，可采取 （10） 措施解决该故障。

试题四（15分）

阅读以下说明，回答【问题1】至【问题3】，将解答填入答题纸对应的解答栏内。

【说明】某公司网络拓扑如图 4-1 所示。

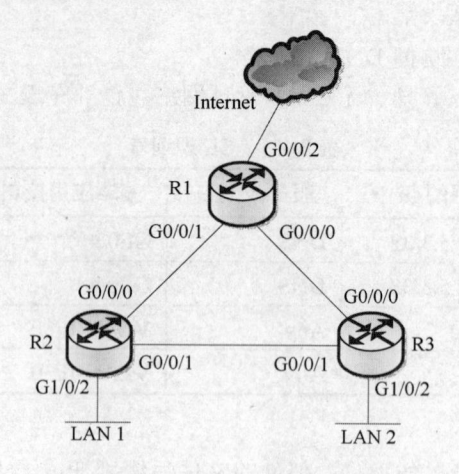

图 4-1 某公司网络拓扑图

【问题 1】（10 分）

公司计划在 R1、R2、R3 上运行 RIP，保证网络层相互可达。接口 IP 地址配置见表 4-1。请将下面的配置代码补充完整。

表 4-1 接口 IP 地址配置表

设备	接口	IP 地址	子网掩码
R1	G0/0/0	10.0.1.254	255.255.255.252
	G0/0/1	10.0.1.250	255.255.255.252
	G0/0/2	100.1.1.1	255.255.255.0
R2	G0/0/0	10.0.1.249	255.255.255.252
	G0/0/1	10.0.1.246	255.255.255.252
	G0/0/2	10.0.2.254	255.255.255.0
R3	G0/0/0	10.0.1.253	255.255.255.252
	G0/0/1	10.0.1.245	255.255.255.252
	G0/0/2	10.0.3.254	255.255.255.0

```
<HUAWEI>   （1）
[HUAWEI] sysname   （2）
[R1] interface GigabitEthernet 0/0/0
[R1-GigabitEthernet0/0/0] ip address 10.0.1.254 255.255.255.252
[R1-GigabitEthernet0/0/0] interface GigabitEthernet 0/0/1
[R1-GigabitEthernet0/0/1] ip address   （3）   255.255.255.252
[R1-GigabitEthernet0/0/1] interface GigabitEthernet 0/0/2
[R1-GigabitEthernet0/0/2] ip address 100.1.1.1 255.255.255.0
```

44

```
[R1-GigabitEthernet0/0/2] quit
[R1] rip
[R1-rip-1]　　(4)
[R1-rip-1] undo summary
[R1-rip-1] network 　(5)
[R1-rip-1] network 100.0.0.0
......
R2、R3 的 RIP 配置略
......
```

【问题 2】(3 分)

公司计划在 R2 和 R3 的链路上使用 RIP 与 BFD 联动技术，采用 BFD echo 报文方式实现"当链路出现故障时，BFD 能够快速感知并通告 RIP 协议。"请将下面的配置代码补充完整。

```
......
[R2] interface gigabitethernet 　(6)
[R2-GigabitEthernet0/0/1] undo 　(7)       #关闭接口 GE0/0/1 的二层转发特性
[R2-GigabitEthernet0/0/1] rip bfd 　(8)    #使能接口 GE0/0/1 的静态 BFD 特性
......
```

【问题 3】(2 分)

公司通过 R1 连接 Internet，为公司提供互联网访问服务，在 R1 上配置了静态路由指向互联网接口，为了使网络均能够访问互联网，需通过 RIP 将该静态路由进行重发布。请将下面的配置代码补充完整。

```
...
[R1-rip-1] default-route 　(9)
```

网络工程师 机考试卷第 2 套
基础知识卷参考答案及解析

（1）**参考答案**：A

试题解析 本题考查 CPU 的基本结构。程序计数器（Program Counter，PC）是控制器的一部分，本题比较容易出错的是多路转换器，它也是运算器的组成部件。

（2）**参考答案**：B

试题解析 量子不可克隆定理指出，未知的量子态不能被完美复制。这个原理在量子密钥分发中起到关键作用，防止窃听者复制传输中的量子态。

（3）**参考答案**：C

试题解析 区块链是按照时间顺序对加密数据区块进行叠加，<u>生成永久的</u>、不可逆的记录。

（4）**参考答案**：C

试题解析 OFDM 的优势包括抗多径干扰、高频谱利用率和能提供灵活的资源分配，但低时延不是主要特点。

（5）**参考答案**：D

试题解析 计算机操作系统的主要功能：处理器管理、作业管理、存储器管理、设备管理、文件管理等。通过一系列的管理功能可以管理计算机系统中的软硬件资源、充分地发挥计算机资源的效率。而存储数据主要是指外部存储器存储数据，这不是操作系统的主要功能。

（6）**参考答案**：D

试题解析 多道程序设计技术使程序由顺序执行变成并发执行，可以极大地提高计算机资源（CPU、I/O 设备等）的利用率。

（7）**参考答案**：D

试题解析 著作权法只保护作品的表达，<u>不保护作品的思想、原理、概念、方法、公式、算法</u>等。

（8）**参考答案**：A

试题解析 本题考查考生的进制转换能力，要掌握常见的各种进制的数据换算方法。对于十进制数换算成十六进制数，可以先把十进制转为二进制，再把二进制转为十六进制，对于本题也可以将答案中的十六进制数换算成十进制数，这样更简单。对于十进制数 47，可以表示为 47=2×16+15，而 15 的十六进制是 F，所以 47 的十六进制表示为 2F。

0.25=1/4=4/16=4×(1/16)=4×16^{-1}，16^{-1} 的十六进制是 0.1，所以 0.25 的十六进制为 0.4。

（9）**参考答案**：D

试题解析 信息安全的基本属性 CIA，即秘密性（Confidentiality）、完整性（Integrity）和可用性（Availability）。

（10）**参考答案**：C

试题解析 本题为2019年上半年网管试题。目前构成我国保护计算机软件著作权的2个基本法律文件分别是《中华人民共和国著作权法》和《计算机软件保护条例》。

（11）**参考答案**：A

试题解析 在光纤通信系统中，光纤中继器可以将光信号放大以便进行更远距离的传输。

（12）**参考答案**：C

试题解析 二层交换机（二层交换机工作于OSI模型的第二层即数据链路层，故称为二层交换机或以太网交换机）具体的工作流程如下：①交换机的某端口接收到一个数据包后，将源MAC地址与交换机端口对应关系动态存放到MAC地址表（存放MAC地址和端口对应关系的表）中，一个端口可以有多个MAC地址；②读取该数据包头的目的MAC地址，并在交换机地址对应表中查是否有对应的端口；③如果查找成功，则直接将数据转发到结果端口上；④如果查找失败，则广播该数据到交换机所有端口上，如果有目的机器回应广播消息，则将该对应关系存入MAC地址表供以后使用。

从交换机的工作原理可知，MAC地址是一个基于数据链路层的概念，而以太网交换机通过MAC地址表转发数据，因此，以太网交换机工作在数据链路层。在以太网交换机中，通过VLAN技术可以隔离冲突域。而交换机的三种交换方式中，直通式交换的延迟是最短的。

（13）**参考答案**：A

试题解析 曼彻斯特编码的编码效率是50%，也就是每两个码元表示一个bit，所以数据速率只有波特率的一半，也就是5Mb/s。

（14）（15）**参考答案**：D C

试题解析 本题采用了4种幅度和8种相位，因此可能组合的码元种类有4乘以8等于32种。根据码元宽度为10μs，可以算出波特率为0.1Mbaud。而每一个码元可以包含的二进制数据$\log_2 32=5$种，因此对应的数据速率等于0.1Mbaud×5=500kb/s。

（16）**参考答案**：D

试题解析 非对称数字用户线路（Asymmetric Digital Subscriber Line，ADSL，指上行与下行的数据速率不对称）中所使用的认证协议是基于PPPoE（Point-to-Point Protocol over Ethernet）实现的。

（17）**参考答案**：B

试题解析 在2.4GHz频段划分中，规定了相邻两个信道的中心频率间隔为5MHz。

（18）**参考答案**：C

试题解析 高级数据链路控制（High-level Data Link Control，HDLC）帧格式包括了帧头（标志字段）、地址字段、控制字段、信息字段、FCS字段、帧尾（标志字段）六个字段。A选项，帧头和帧尾标志字段是固定的"01111110"；B选项，地址字段携带主站或从站地址；C选项，HDLC定义了三种不同的帧，可以根据控制字段区分，信息帧（1帧）的发送编号和应答号存放在控制字段，各占3bit；信息（数据）字段用于承载数据。

（19）**参考答案**：B

试题解析 采用停等机制传输的以太网中，有效传输速率=100Mb/s×(一个帧中传输有效数据的时间/一个帧传输的总时间)。

在以太网中，如果使用停等机制进行数据传输，可以考虑一个以太帧传输的情况。由于以太网数据帧大小可变，这里也没有指定数据大小，因此考虑最大有效传输速率的情况。数据大小就假定一个最大帧长，为 1518 字节。同时，应答帧没有指明大小，可以使用以太网的最小帧长 64 字节。

一个帧中传输有效数据的时间=1518 字节×8bit/字节÷100Mb/s=122.44μs。

一个帧传输的总时间=(发送数据时间)+(A→B 的传播时延)+(应答帧发送时间)+(B→A 的传播时延)=(1518 字节×8bit/字节÷100Mb/s)+10μs+(64 字节×8bit/字节÷100Mb/s)+10μs=122.44+10+5.12+10=147.56μs。

有效传输速率=100Mb/s×(一个帧传输有效数据的时间/一个帧传输的总时间)=100×(122.44/147.56)≈82.9Mb/s。

(20)(21) **参考答案**：A　D

📢 **试题解析**　ARP 是一种地址解析协议，ARP Request 报文是以广播形式进行传送的，但由于 ARP Request 报文中包含了请求主机自身的 IP 地址，因此 ARP Response 报文是以单播形式返回报文的，这样可降低网络中广播数据包的数量。

(22) **参考答案**：A

📢 **试题解析**　ping 命令使用了 ICMP 回声应答报文（Echo Reply）。ping 命令源主机发送回声请求消息给目的主机，要求目的主机必须返回 ICMP 回声应答消息给源主机。

(23) **参考答案**：C

📢 **试题解析**　路由协议位于开放式系统互联（Open System Interconnect，OSI）体系结构的网络层，<u>用于数据包在相邻路由器之间传送</u>。

(24) **参考答案**：A

📢 **试题解析**　RIPv2 相对于 RIPv1 的改进，主要是 RIPv2 支持可变长度子网掩码（Variable-length Subnet Masks，VLSM），同时采用了组播更新的机制，但是它本身仍然是一种<u>距离向量型协议</u>。

(25) **参考答案**：C

📢 **试题解析**　OSPF 是一种开放式（分布式）的协议，它是一种内部网关路由协议，主要用于<u>自治系统内部的路由选择</u>。

(26) **参考答案**：A

📢 **试题解析**　IS-IS 路由协议是一种<u>链路状态</u>路由协议，主要用于自治系统内部。

(27) **参考答案**：D

📢 **试题解析**　OSPF 使用 hello 报文来建立和维护邻接关系，并且是周期性地在使用了 OSPF 的接口上发送。LSA（Link-State Advertisement）报文用于通告链路状态。

(28) **参考答案**：B

📢 **试题解析**　Telnet 是一种基于 TCP 协议的远程访问协议，默认端口号是 23，但是 Telnet 并不是安全的通信协议，用户名和密码都是用明文在网络上传送的，现在通常用安全外壳协议（Secure Shell，SSH）取代 Telnet 实现更安全的远程访问。

(29) **参考答案**：D

🔍**试题解析** Cookie 会被附加在 HTTP 请求中，所以增加了流量消耗。由于在 HTTP 请求中的 Cookie 是明文传递的，有潜在的安全风险。

（30）**参考答案**：A

🔍**试题解析** 常用的电子邮件协议中，发送邮件的 SMTP 协议使用的端口是 25 号端口，接收邮件的 POP3 使用的是 110 号端口，IMAP 使用的是 143 端口。23 号端口是 Telnet 协议的默认端口。

（31）**参考答案**：B

🔍**试题解析** IPv4 报文头部中包含校验和字段，但 IPv6 的头部中不包含校验和字段。这实际上是对 IPv4 的一个改进，因为 IPv4 报文头部中的 TTL（Time to Live）字段，每经过一次转发都会改变，这就意味着每次转发都要重新计算校验和，在数据链路层（L2）和传输层（L4）的校验功能都已经非常成熟的情况下，这个网络层（L3）的校验和，也即 IPv4 报文头部中的校验和就没那么重要了。

（32）**参考答案**：D

🔍**试题解析** DNS 中的记录类型有很多，分别起到不同的作用，常见的有地址记录（Address, A）、邮件交换记录（Mail Exchanger, MX）、别名记录（Canonical Name, CNAME）、PTR（Pointer, A 记录的反向，即把 IP 地址映射到域名）等。其中 MX 记录用于指明邮件服务器及其优先级。

（33）**参考答案**：A

🔍**试题解析** 本题考查 UOS Linux 系统中文件权限的设置命令。Linux 系统的权限包括读、写和执行三种，这三种权限既可以用字符表示也可以用数字表示。如果用数字表示，则读权限对应的数值是 4，写权限对应的数值是 2，执行权限对应的数值是 1。在 chmod 中，如果用数字表示权限，将读、写、执行对应的值相加即可表示。比如要表示某个用户具有读、写、执行的权限，这个对应的权限数值是 4+2+1=7。chmod 777 的第一个"7"表示文件所有者的权限为 7（可读、可写、可执行），第二个"7"表示与文件所有者同组的用户权限为 7，第三个"7"表示其他用户的权限为 7。

（34）**参考答案**：D

🔍**试题解析** 本题考查的是 ipconfig 命令的基本参数，其中 registerdns 用于 DNS 客户端手动向服务器进行注册。

（35）**参考答案**：B

🔍**试题解析** Nginx 是基于事件驱动架构的应用，尤其擅长处理高并发静态资源请求和反向代理。因此选项 B 是最合适的。至于复杂业务逻辑计算和数据库事务管理应交给后端应用服务器，实时视频流处理通常需要专用协议，如 RTMP。

（36）**参考答案**：C

🔍**试题解析** nslookup 命令用于查询不同类型的 DNS 记录。DNS 记录有多种类型，如 A 型记录包含了主机的 IPv4 地址，AAAA 型记录包含了主机的 IPv6 地址，NS 型记录包含了名称记录，CNAME 型记录包含了主机的别名，PTR 型记录为反向记录（通过地址查名字）。从命令的返回的信息可看到，其内容主要是 NS 型记录的信息，因此命令中的参数应为 NS。

（37）（38）**参考答案**：B A

🔍**试题解析** 本题考查的是 FTP 的基本工作过程，FTP 服务默认的监听端口号为 21，因此客户端应首先向服务器端的 21 号端口发起建立命令连接的请求，建立起命令连接之后，再通过 20

号端口建立数据连接。FTP 是工作在 TCP 协议之上的，因此在建立 FTP 连接之前首先得建立 TCP 连接。

（39）**参考答案**：C

试题解析 从域名得到对应的 IP 地址，是 DNS 服务器的基本功能。

（40）**参考答案**：A

试题解析 ipconfig 有非常多的参数，其中 release 用于释放当前的 IP 地址，renew 用于向服务器重新申请 IP 地址。

（41）**参考答案**：C

试题解析 UOS Linux 系统中的 iptables 命令用于创建 IP 包过滤，有非常多的参数可以使用，其中 -p 参数主要用于表示各种数据过滤的策略（Policy）。

（42）**参考答案**：D

试题解析 iptables 是 UOS Linux 系统中一个常用的 IP 包过滤功能，主要用于防火墙控制本机的"出""入"网络行为。命令比较复杂，其基本命令格式为：iptables [-t table][command][match] [-j target/jump]，在此不做详述，因为就本题而言，即使不是非常熟悉 iptables 命令参数也没有任何问题。

"允许"即"接受"，因此命令中应有 <u>ACCEPT</u>；"访问本机"说明是要控制"入网"行为，所以要有 <u>INPUT</u>；对于本机来说，10.0.0.2 显然是数据包的源地址，所以命令中应有 <u>"-s"</u> 而不能是"-d"；因为是 10.0.0.2 访问本机 tcp 22 端口，因此本机 tcp 22 端口肯定是数据包的目的端口，因此命令中应有 <u>"dport"</u>。此时，本题的答案已经唯一了。

（43）**参考答案**：C

试题解析 公钥基础设施（Public Key Infrastructure，PKI）证书主要是用于保证<u>主体公钥</u>的合法性，该证书中有两个至关重要的信息就是主体的身份信息和主体的公钥，这些信息会被 CA 使用自己的私钥进行签名，以确保主体的身份信息和主体的公钥是正确的对应关系。

（44）**参考答案**：C

试题解析 高级加密标准（Advanced Encryption Standard，AES）是一种取代数据加密标准（Data Encryption Standard，DES）的新版分组加密算法。

（45）**参考答案**：D

试题解析 HTTPS 是基于 SSL 的 HTML 协议，它是全程加密的，使用的是 TCP 443 端口；SHTTP 协议是安全的超文本传送协议，它把要传输的文本加密后通过普通的 HTTP 进行传送（即数据加了密但传输未加密）。可见，HTTPS 与 SHTTP 是完全不同的。HTTPS 是应用层协议，SSL 位于应用层和 TCP 层之间，因此应用层数据不再直接传递给传输层，而是传递给 SSL 层，SSL 层对从应用层收到的数据进行加密，并增加自己的 SSL 头。

（46）**参考答案**：C

试题解析 网络管理分为五个方面：故障管理、配置管理、性能管理、计费管理、安全管理。其中配置管理用于初始化网络与配置网络，可辨别、定义、控制和监视被管对象，实现某种特定功能，使网络能够提供服务，属于网络控制功能。

（47）**参考答案**：A

📝**试题解析** 　由于本地连接中显示的数据收发情况包含了数据链路层可能收集到的数据，因此当 IP 地址配置错误时它同样可以接收数据链路层或者网络层的广播数据，但是在 IP 地址配置错误的情况下 Windows 系统中不会显示接收数据，但会显示发送数据及接收数据为零。选项 B 的 TCP/IP 协议故障，也有可能导致无法正常地发送和接收数据，所以描述比较笼统。选项 C 是不可能有数据传输的，链路会中断。而选项 D 的 DNS 配置问题只是不能进行域名解析，并不能造成没有数据接收。因此选 A。

（48）**参考答案**：C

📝**试题解析** 　从图中可以看到大量的 ARP 请求报文发送给同一个地址，所以最有可能是 ARP 病毒。

（49）（50）**参考答案**：C　B

📝**试题解析** 　RAID0 要求至少把两个硬盘串联在一起组成一个大的卷组，它仅可提高硬盘吞吐速度，但不具有备份及错误修复能力；RAID1 要求至少把两块以上的硬盘绑定，但在写入数据时将数据同时写入到多块硬盘上（可视为镜像或备份），当其中某块硬盘发生故障后，可以热交换的方式来恢复数据；RAID5 要求至少有 3 块硬盘，通过把一个硬盘设备的数据奇偶校验信息保存到所有其他硬盘设备中，当任一硬盘发生故障时尝试通过检验信息恢复其损坏数据，它并没有进行真正的数据备份。RAID10 是 RAID1 与 RAID0 的结合，需要至少 4 块硬盘。

RAID5 数据冗余少，兼顾了一定的安全性，因此比较符合题意。RAID5 允许有 1 块磁盘损坏，所以实际可用的硬盘数为 $N-1$。

（51）**参考答案**：C

📝**试题解析** 　一个 IP 地址分为两个部分，网络位和主机位。当主机位全为 0 时，该地址表示网络地址；全为 1 时表示广播地址，其他的属于"真正的"主机可用地址。以选项 A 为例，掩码为 30 位，说明前 30 位是网络位，第 31 和 32 位为主机位，当主机位全为 0 时对应的地址是 168.254.0.240，此地址规定为该网段的网络地址；其全为 1 时，对应的地址为 168.254.0.243，此地址规定为本网段的广播地址；这两个地址之间的地址（即 168.254.0.241~168.254.0.242），才是主机真正可用的地址，因此 A 错误。

同理，选项 C 对应的网络地址为 172.16.16.0，广播地址为 172.16.19.255，172.16.18.0 位于两者之间，是一个主机可用地址。

（52）**参考答案**：D

📝**试题解析** 　一组 IP 地址是否位于同一个网络，我们只需比较各 IP 地址中对应的网络位是否相同即可。掩码长度 21 位，可知前 21 位为网络位。通过观察，我们可知各选项前 16 位都相同，无须比较，那么只需比较 IP 地址中第三个字节中的前 5 位即可（第 17 位至第 21 位）。把 34、32、39、40 对应的二进制在纸上由上至下写出，各位对齐，划去后 3 位，比较前 5 位。相同的为同一网络，不同的不在同一网络。

（53）（54）**参考答案**：A　D

📝**试题解析** 　可容纳 200 个主机的最小子网规模为 256，$2^8=256$，即需要 8 位主机位，24 位网络位，因此对应的掩码长度为 24 位；容纳 20 个主机，需要最小的子网规模为 32，$2^5=32$，即主机位为 5 位，网络位为 27 位，因此对应的掩码长度为 27 位。

（55）参考答案：D

🔖试题解析　900 个终端至少需要 10 位主机位（2^{10}=1024>900）。IP 地址分类或者聚合时，通常为了避免浪费 IP 地址，需要选用合适的连续网段。很明显选项 C 中的 4 个地址需要聚合在 192.168.0.0/21，而选项的 4 个连续网段都可以聚合在 192.168.32.0/22，但显然选项 D 的地址范围更小，也就是更节省。

（56）参考答案：A

🔖试题解析　从命令中的 observe-port 和 port-mirroring 可知这段命令是在配置端口镜像。

（57）参考答案：D

🔖试题解析　要显示路由器的 OSPF 接口信息，可以使用的命令 disp ospf interface。

（58）参考答案：A

🔖试题解析　从 ACL 的规则中可以看出，必须匹配源地址为 192.168.1.0/24 这个网段的数据，其访问的目标端口为 80，这种流量显然是 HTTP 的流量。从 car cir 4096 可以知道对该流量的带宽限制是不超过 4096kb/s，也就是 4Mb/s。因此选 A。

（59）参考答案：A

🔖试题解析　GARP VLAN 注册协议（GVRP）是通用属性注册协议（Generic Attribute Registration Protocol，GARP）的一种具体应用，因此题干问的 GVRP 协议的定时器，实际就是 GARP 协议的定时器。GARP 所定义的四种定时器，对应的默认时间如下：

LeaveAll 定时器的值为 1000 厘秒，Hold 定时器的值为 10 厘秒，Join 定时器的值为 20 厘秒，Leave 定时器的值为 60 厘秒。

（60）（61）参考答案：B　B

🔖试题解析　VLAN 帧是在标准以太网帧中增加了 4 个字节的 VLAN 相关标记字段。以太网的最小帧长为 64 字节，由 18 字节的帧头帧尾部分和 46 字节的数据部分组成；VLAN 帧的最小帧长也是 64 字节，由 22 字节的帧头帧尾部分和 42 字节的数据部分组成。VLAN 数据帧格式如下图所示，其中的 User Priority 字段简称 PRI 字段，定义用户优先级，占 3 位，有 0～7 个优先级别，值越大优先级越高。

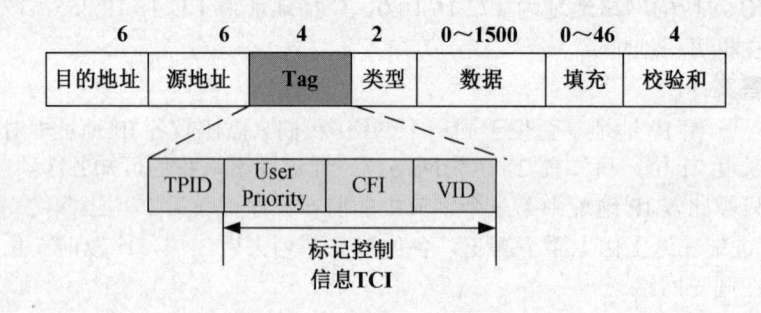

6	6	4	2	0～1500	0～46	4
目的地址	源地址	Tag	类型	数据	填充	校验和

Tag: | TPID | User Priority | CFI | VID |
标记控制信息 TCI

（62）参考答案：B

🔖试题解析　CSMA/CD（Carrier Sense Multiple Access with Collision Detection），带冲突检测的载波侦听多路访问。CSMA 在发送数据前会先检测介质的状态，由于信道传播存在时延，使得所检测到的介质空闲可能并非真的空闲（信号可能在传输过程中还没到达），从而使得发送数据时仍可能会发生冲突，因此CSMA只能发现冲突，但无法阻止冲突。而带有冲突检测的CSMA在发出信息帧前及发送过程中，可以继续监听介质（信道），将冲突的产生控制在传播时间内，减少了冲突的概率。根据退避二进制指数算法，发生冲突的数据帧，会随机地从 $0 \sim 2^k-1$ 中选一个数字 N，等待 N 个争用期的时间后，再重新发送。本题中是3次冲突之后，因此随机等待的时间是等待0~7个争用期，也就是再次冲突的概率只有1/8。

（63）**参考答案**：C

试题解析 本题考查的是CSMA/CD中退避二进制指数算法的基本原理。信号每冲突一次，再次发送的等待时间就扩大1倍，因此相应的冲突概率就会减少1倍。冲突3次后，再次发送的时间会变为原来的8倍，冲突的概率也就变为原来的1/8。

（64）**参考答案**：C

试题解析 CSMA/CD对介质的访问控制是基于竞争机制来实现的。谁先获得总线的访问权限谁先使用，其他站点只能等待该站使用完毕才有可能获得访问权限。

（65）**参考答案**：D

试题解析 本题考查的IEEE 802.11标准簇是无线局域网的通信标准。其中的802.11n标准支持2.4GHz和5GHz两个工作频段。

（66）**参考答案**：A

试题解析 漫游通常是由移动终端发起的。无线漫游可以分为二层漫游和三层漫游，二层漫游是指在位于同一子网内的AP之间的漫游，三层漫游指在位于不同子网内的AP之间的漫游。服务集标识（Service Set Identifier，SSID）即将一个无线局域网分为几个需要不同身份验证的子网络，每一个子网络都需要独立的身份验证，因此三层漫游必须在同一个SSID之内。

（67）**参考答案**：A

试题解析 在大型无线网络中，通常采用的是无线接入控制器（Access Control，AC）加无线接入点（Access Point，AP）的结构，一般每个AC控制多个AP。为了能够让AP可以和AC进行通信，需要通过某种方式告诉AP，AC对应的IP地址是什么，常用的方式是通过DHCP option 43给AP通告AC的IP地址。

（68）**参考答案**：D

试题解析 建设成本、故障时间、安全性目标最优，都不一定有助于项目目标的达成，根据项目目标不同的优先级，让优先级较高的目标达到最优，有助于项目目标的达成。

（69）**参考答案**：A

试题解析 项目管理中，变更是不可避免的，因此必须加以适当的控制以满足项目管理的要求，如标准的变更控制流程。在项目开始阶段，因为一切还没有确定下来，此时的变更成本相对较低，一旦开始实施，再进行变更，则变更成本增加。变更由变更控制委员会（Change Control Board，CCB）进行决策是否实施。

（70）**参考答案**：D

试题解析 本题考查的是项目管理中的范围管理。范围管理首先需要进行的是用户需求的收集，然后定义范围，确定哪些是项目要完成的内容，哪些不是项目要完成的内容。接下来创建工作分解结构（Work Breakdown Structure，WBS）。然后是范围的核实，最后是控制范围。

（71）（72）（73）（74）（75）**参考答案**：B　C　A　C　B

试题解析　地址解析协议（ARP）是为了在因特网上实现通信和在 IP 路由中执行所需功能而开发的。ARP 位于 OSI 模式的第二层与第三层之间，允许计算机在通信之前通过网络互相了解。ARP 从已知的硬件地址中找到主机的 IP 地址。一个设备向另一个设备发送一个数据报时，它首先在 ARP 缓存中查看目的 IP 地址是否有 MAC 地址。如果没有条目，源设备向网络上的每个设备发送广播消息。每个设备将自己的 IP 地址与之比较。只有匹配 IP 地址的设备才使用包含设备 MAC 地址的数据包进行应答（代理 ARP 除外）。源设备将目标设备 MAC 地址添加到 ARP 缓存表中以备将来参考。

网络工程师 机考试卷第2套
应用技术卷参考答案及解析

试题一

【问题1】试题解析 本题考查的是华为设备的基本配置，这种题型一定要注意上下文分析，确定每一空的答案。第（1）空是一个批量创建vlan的命令，结合题干可知是100和101。

第（2）空是指定Vlanif 101的接口IP地址，从表1-1中可以直接获得，10.23.101.2/24。在命令中这个地址有两种写法分别是10.23.101.2 24 和 10.23.101.2 255.255.255.0，都可以。

第（3）空从上下文即可知道是AC。

第（4）空是启用端口隔离，通常华为的命令是通过使能指令enable打开或者关闭某项功能。

第（5）空从表中可以直接获取国家代码cn。

第（6）空根据上下文获得profile的名字是default。

第（7）空是指定capwap的源接口，结合题干的信息，可以知道是Vlanif100。

第（8）空从表中可知预共享密钥是a1234567。

第（9）空根据表1-1中的信息可知，其SSID名称是wlan-net。

第（10）空根据表1-1中的VAP模板的参数可知，对应的vlan是Vlan101。

参考答案

（1）100 101

（2）10.23.101.2 24 或者 10.23.101.2 255.255.255.0

（3）AC

（4）enable

（5）cn

（6）default

（7）Vlanif100

（8）a1234567

（9）wlan-net

（10）101

【问题2】试题解析 可以在命令中找答案：第（11）空中，AC在WLAN视图下的ap auth-mode mac-auth，因此是基于MAC的方式；第（12）空中，对应的是ap-group group1进行配置的，因此是AP组；第（13）空根据选项的命令可知，display ap all查看所有AP信息，display vap all查看业务型VAP的信息。

参考答案 （11）A （12）D （13）A

【问题3】试题解析 无线空口链路的定义：802.11标准在空中接口上定义了一组无线传输规

范，在空中端口之间建立的链路称为无线链路。纯组播报文由于协议要求在无线空口没有确认字符（Acknowledge Character，ACK）机制保障，且无线空口链路不稳定，为了纯组播报文能够稳定发送，通常会以低速报文形式发送。如果网络侧有大量异常组播流量涌入，则会造成无线空口拥堵。为了减小大量低速组播报文对无线网络造成的冲击，通常管理员会配置组播报文抑制功能。

在实际配置中，需要根据情况灵活设置，如果业务数据转发方式采用直接转发，可以在直连AP的交换机接口上配置组播报文抑制。如果业务数据转发方式采用隧道转发，可以在AC的流量模板下配置组播报文抑制。

为了应对某些复杂高密度的无线部署环境，可以采用敏捷分布式Wi-Fi解决方案，这种方式将传统AC+AP二级架构变为AC+中心AP+远端单元RU的三级分布式架构，可以实现无线性能提升；远端单元灵活入室部署，消除传统AP信号穿墙带来的衰减，实现室内无死角覆盖。

参考答案

（14）低速转发，消耗空口资源，容易拥塞（符合题意即可）。

（15）直连AP的交换机接口。

（16）AC的流量模板下。

（17）作为远端单元入室部署，实现信号覆盖无死角（也可以答AP覆盖面积小、房间墙壁造成信号衰减等）。

试题二

【问题1】试题解析 第（1）空，在日常维护中，针对PC无法正常通信时，通常使用ping 127.0.0.1来检查本机的TCP/IP协议栈是否正常工作；若ping不通，则可能是本机的TCP/IP协议栈工作不正常。第（2）空，由于用户能登录聊天软件，则说明网络正常，Web网页无法打开可能是因为域名无法正常解析造成的，所以是DNS的问题。

参考答案 （1）C （2）B

【问题2】试题解析 第（3）空，从代码中可以看到"eval(base64_decode(S_POST))"这样的函数代码，则说明是脚本攻击；第（4）空有union select、from等SQL关键语句，因此是SQL注入攻击；第（5）空的描述中"境外组织、诱导用户执行宏、进一步扩展渗透、获取敏感信息"等关键词，这是典型的高级长期威胁（Advanced Persistent Threat，APT）攻击；第（6）空是为了预防宏病毒，抵御APT攻击，一般的手段包括不去点击相关文件、使用杀毒软件、禁用宏等。

参考答案 （3）A （4）B （5）D （6）不打开相关邮件/杀毒软件/禁用宏

【问题3】试题解析 第（7）、（8）空是典型的概念题，SAN分为IP-SAN和FC-SAN。从成本上来说，FC-SAN采用专用的FC交换机以及光纤、专用的网卡、光模块等，建设成本明显高于IP-SAN，但是其传输效率、数据速率及稳定性，也明显优于IP-SAN。

参考答案 （7）IP-SAN （8）FC-SAN （9）FC-SAN部署成本更高、传输速率更高

【问题4】试题解析 RAID 2.0将物理的存储空间划分为若干小粒度数据块，这些小粒度的数据块均匀地分布在存储池中所有的硬盘上，这些小粒度的数据块以业务需要的RAID形式逻辑组合在一起，形成应用服务器使用的LUN。相对早期的RAID来说，具有以下四个优势。

（1）快速重构：存储池内所有硬盘参与重构，相对于传统RAID重构速度大幅提升。

（2）自动负载均衡：RAID 2.0 使得各硬盘均衡分担负载，不再有热点硬盘，提升了系统的性能和硬盘可靠性。

（3）系统性能提升：逻辑单元号（Logical Unit Number，LUN）基于分块组创建，可以不受传统 RAID 硬盘数量的限制分布在更多的物理硬盘上，因而系统性能随硬盘 I/O 带宽增加得以有效提升。

（4）自愈合：当出现硬盘预警时，无需热备盘，无需立即更换故障盘，系统可快速重构，实现自愈合。

参考答案

（1）自动负载均衡，降低了存储系统整体故障率。
（2）快速精简重构，降低了双盘失效率和数据丢失的风险。
（3）故障自检自愈，保证了系统可靠性。
（4）虚拟池化设计，降低了存储规划管理难度。

试题三

【问题 1】试题解析

这是 ACL 的基本配置，只是配置形式换成了表格，按照表格的要求填写即可。尤其要注意的是，在 ACL 配置中，通常是通过源地址、源端口、协议、目标地址、目标端口、动作等几个关键要素进行处理，只要根据题干的要求得出相应的地址、端口和动作就能轻松作答。

参考答案

（1）10.10.2.0/23
（2）Permit
（3）10.10.0.0/23
（4）Deny

【问题 2】试题解析

勒索病毒是一种恶意的计算机病毒，它将用户的文件加密并要求支付赎金以恢复文件。常见的传播方式包括邮件、即时通信软件的附件、恶意网站、广告和网络漏洞。常见的勒索病毒后缀包括：.crypt、.encrypt、.locked、.locky 等。

参考答案

（5）勒索
（6）断开该主机网络、升级杀毒软件病毒库、查杀病毒、尝试解密或恢复数据、更新系统补丁、关闭不必要的服务和端口、部署防护设备。

【问题 3】试题解析

（7）当网络中存在到达同一目的地址的多条路由，且这些路由的开销值相同时，这些路由就是等价路由，可以实现负载分担。

（8）数据流是指一组具有某个或某些相同属性的数据包。这些属性有源 MAC 地址、目的 MAC 地址、源 IP 地址、目的 IP 地址、TCP/UDP 的源端口号、TCP/UDP 的目的端口号等。

对于负载分担，可以分为逐包的负载分担和逐流的负载分担。

逐包的负载分担：在使用 Eth-Trunk 转发数据时，由于聚合组两端设备之间有多条物理链路，就会产生同一数据流的第一个数据帧在一条物理链路上传输，而第二个数据帧在另外一条物理链路上传输的情况。这样一来同一数据流的第二个数据帧就有可能比第一个数据帧先到达对端设备，从而产生接收数据包乱序的情况。

逐流的负载分担：这种机制把数据帧中的地址通过 HASH 算法生成 HASH-KEY 值，然后根据这个数值在 Eth-Trunk 转发表中寻找对应的出接口，不同的 MAC 或 IP 地址 HASH 得出的 HASH-KEY 值不同，从而出接口也就不同，这样既保证了同一数据流的帧在同一条物理链路转发，又实现了流量在聚合组内各物理链路上的负载分担。逐流负载分担能保证包的顺序，但不能保证带宽利用率。

（9）（10）基于源-目的 MAC 地址的负载方式不适用于三层转发，交换机到防火墙的源-目的 MAC 不变，所以会认为是同一数据流，造成数据只在一条物理链路上传输，应改为源-目的 IP 负载方式。

参考答案

（7）等价路由

（8）逐流

（9）基于源-目的 MAC 负载方式可能造成流量单一

（10）调整负载均衡策略

试题四

【问题 1】试题解析

第（1）空是进入系统视图，使用命令 system-view。第（2）空是更改设备名称，使用命令 sysname，观察下一行中括号的名字变成什么了就可知道答案。第（3）空，可根据表 4-1 中 R1 的 G0/0/1 的接口 IP 地址为 10.0.1.250 得出答案。[R1] rip 命令用于创建 rip 路由进程，默认为 rip 进程 1（即 rip-1，也就是 version1 版本的 rip 进程），我们知道 rip-1 的自动汇总是不可关闭的，因此第（4）空应填 version 2，即切换为 version2 版本的 rip，这样才可以运行下一行命令 "undo summary"。第（5）空是将 10.0.1.254/30、10.0.1.250/30 两个网段加入到 rip-1 中，应填聚合后的网段 10.0.0.0。

参考答案

（1）system-view　（2）R1　（3）10.0.1.250　（4）version 2　（5）10.0.0.0

【问题 2】试题解析

双向转发检测（Bidirection Forward Detection，BFD）是一个用于检测两个转发点之间故障的协议，可提供毫秒级检测，BFD Echo 报文采用 UDP 封装，通过与上层路由协议的联动可实现路由的快速收敛。第（6）空是根据下文可知进入 R2 的 G0/0/1 接口。以太网接口默认情况下工作在第二层，而 BFD 要求接口工作在三层模式，因此第（7）空应填 undo port switch，把接口由二层模式切换为三层模式。第（8）空是使能某个功能的命令一般都是 enable。

参考答案

（6）0/0/1　（7）portswitch　（8）enable

58

【问题 3】试题解析

在路由表中，缺省路由以 0.0.0.0（掩码也为 0.0.0.0）的路由形式出现。当报文的目的地址不能与路由表的任何目的地址相匹配时，交换机将选取缺省路由转发该报文。如果没有缺省路由且报文的目的地址不在路由表中，则交换机会丢弃该报文，缺省情况下，当前设备不向邻居发送缺省路由，而通过 default-route originate 命令，则可为当前设备生成一条缺省路由并发布给邻居。

参考答案

（9）originate

网络工程师 机考试卷第 3 套
基础知识卷

- 量子密钥分发（QKD）的核心安全性基于__(1)__。
  - (1) A. 计算复杂性　　　　　　　　　B. 量子纠缠和量子态不可克隆性
  　　C. 对称加密算法　　　　　　　　D. 公钥加密技术
- Python 语言的特点不包括__(2)__。
  - (2) A. 动态编程　　　　　　　　　　B. 编译型
  　　C. 支持面向对象程序设计　　　　D. 跨平台、开放式
- 虚拟存储体系由__(3)__两级存储器构成。
  - (3) A. 主存—辅存　　B. Cache—主存　　C. 寄存器—主存　　D. 寄存器—Cache
- 为了减少在线观看网络视频卡顿，经常采用流媒体技术。以下关于流媒体说法不正确的是__(4)__。
  - (4) A. 流媒体需要缓存
  　　B. 流媒体视频资源不能下载到本地
  　　C. 流媒体资源文件格式可以是 asf、rm 等
  　　D. 流媒体技术可以用于观看视频、网络直播
- 在 5G 网络中，SDN 的主要作用是__(5)__。
  - (5) A. 提高频谱利用率　　　　　　　B. 提升网络灵活性和可编程性
  　　C. 增加网络覆盖范围　　　　　　D. 提升数据传输速率
- 使用白盒测试时，确定测试数据应根据__(6)__指定覆盖准则。
  - (6) A. 程序的内部逻辑　　　　　　　B. 使用说明书
  　　C. 程序的复杂程度　　　　　　　D. 程序的功能
- 以下关于 RISC 指令系统基本概念的描述中，错误的是__(7)__。
  - (7) A. 选取使用频率低的一些复杂指令，指令条数多
  　　B. 指令功能简单
  　　C. 指令长度固定
  　　D. 指令运行速度快
- 以下关于云计算的叙述中，不正确的是__(8)__。
  - (8) A. 云计算将所有客户的计算都集中在一台大型计算机上进行
  　　B. 云计算支持用户在任意位置使用各种终端获取相应服务
  　　C. 云计算是基于互联网的相关服务的增加、使用和交付模式
  　　D. 云计算的基础是面向服务的架构和虚拟化的系统部署

- 下列描述中，不符合《中华人民共和国网络安全法》的是__(9)__。
  - (9) A．网络运营者收集个人信息应遵循正当、必要的原则
    - B．网络运营者可根据业务需要自行决定网络日志的留存时间
    - C．网络运营者应当制定网络安全事件应急预案
    - D．网络产品应当符合相关国家标准的强制性要求
- "当多个事务并发执行时，任一事务的更新操作直到其成功提交的整个过程，对其他事务都是不可见的"，这一特性通常被称为事务的__(10)__。
  - (10) A．一致性   B．原子性   C．隔离性   D．持久性
- 下列通信设备中，采用存储-转发方式处理信号的设备是__(11)__。
  - (11) A．放大器   B．中继器   C．交换机   D．集线器
- 在 10GBASE-ER 标准中，使用单模光纤最大传输距离是__(12)__。
  - (12) A．300 米   B．5 千米   C．10 千米   D．40 千米
- 光纤传输测试指标中，回波损耗是指__(13)__。
  - (13) A．信号反射引起的衰减
    - B．传输数据时线对间信号的相互泄露
    - C．光信号通过活动连接器之后功率的减少
    - D．传输距离引起的发射端的能量与接收端的能量差
- 100BASE-FX 采用的编码技术为__(14)__。
  - (14) A．MLT-3+NRZI   B．4B5B+NRZI   C．曼彻斯特编码   D．8B6T
- 在 PCM 中，若对模拟信号的采样值使用 64 级量化，则至少需使用__(15)__位二进制数。
  - (15) A．4   B．5   C．6   D．7
- 以下千兆以太网标准中，支持 1000m 以上传输距离的是__(16)__。
  - (16) A．1000BASE-T   B．1000BASE-CX   C．1000BASE-SX   D．1000BASE-LX
- 2.4GHz 频段综合布线系统中，用于连接各层配线室，并连接主配线室的子系统为__(17)__。
  - (17) A．垂直子系统   B．水平子系统   C．工作区子系统   D．管理子系统
- 以下编码中，编码效率最高的是__(18)__。
  - (18) A．BAMI   B．曼彻斯特编码   C．4B5B   D．NRZI
- 在 IEEE 标准体系中，Wi-Fi 6 对应的标准是__(19)__。
  - (19) A．802.11ac   B．802.11a   C．802.11b   D．802.11ax
- ICMP 是 TCP/IP 分层模型第三层协议。其报文封装在__(20)__中传送。
  - (20) A．以太帧   B．IP 数据报   C．UDP 报文   D．TCP 报文
- TCP 使用的流量控制协议是__(21)__，TCP 首部中与之相关的字段是__(22)__。
  - (21) A．停等协议   B．可变大小的滑动窗口协议
    - C．固定大小的滑动窗口协议   D．选择重发 ARQ 协议
  - (22) A．端口号   B．偏移   C．窗口   D．紧急指针
- TCP 伪首部不包含的字段为__(23)__。
  - (23) A．源地址   B．目的地址   C．标识符   D．协议

● 假设一个 IP 数据报总长度为 3000Byte，要经过一段 MTU 为 1500Byte 的链路，该 IP 数据报必须经过分片才能通过该链路。该原始 IP 数据报需被分成 __(24)__ 个片，若 IP 首部没有可选字段，则最后一个片首部中 Offset 字段为 __(25)__ 。
   (24) A. 2　　　　　　B. 3　　　　　　C. 4　　　　　　D. 5
   (25) A. 370　　　　　B. 740　　　　　C. 1480　　　　D. 2960
● 用于自治系统（AS）之间路由选择的协议是 __(26)__ 。
   (26) A. RIP　　　　　B. OSPF　　　　C. IS-IS　　　　D. BGP
● 为了控制 IP 数据包在网络中无限转发，在 IPv4 数据包首部中设置了 __(27)__ 字段。
   (27) A. 标识符　　　　B. 首部长度　　　C. 生存期　　　　D. 总长度
● 以下协议中，不属于安全的数据/文件传输协议的是 __(28)__ 。
   (28) A. HTTPS　　　　B. SSH　　　　　C. SFTP　　　　D. Telnet
● WWW 的控制协议是 __(29)__ 。
   (29) A. FTP　　　　　B. HTTP　　　　C. SSL　　　　　D. DNS
● SMTP 的默认服务端口号是 __(30)__ 。
   (30) A. 25　　　　　　B. 80　　　　　　C. 110　　　　　D. 143
● 在 UOS Linux 中，用于解析主机域名的文件是 __(31)__ 。
   (31) A. /dev/host.conf　　B. /etc/hosts　　C. /dev/resolv.conf　　D. /etc/resolv.conf
● 在 UOS Linux 中，可以使用命令 __(32)__ 将文件 abc.txt 拷贝到目录 /home/my/office 中，且保留原文件访问权限。
   (32) A. $cp - l abc.txt /home/my/office　　　B. $cp - p abc.txt /home/my/office
        C. $cp - r abc.txt /home/my/office　　　D. $cp - f abc.txt /home/my/office
● 对一个新的 QoS 通信流进行网络资源预约，以确保有足够的资源来保证所请求的 QoS，该规则属于 IntServ 规定的 4 种用于提供 QoS 传输机制中的 __(33)__ 规则。
   (33) A. 准入控制　　　B. 路由选择算法　　C. 排队规则　　　D. 丢弃策略
● 在 Windows 系统中，用于清除本地 DNS 缓存的命令是 __(34)__ 。
   (34) A. ipconfig /release　　　　　　　　B. ipconfig /flushdns
        C. ipconfig /displaydns　　　　　　D. ipconfig /registerdns
● 在 UOS 中，使用 nmcli 创建一个名为"officeens32"的有线连接，正确的命令是 __(35)__ 。
   (35) A. nmcli con add type ethernet con-name officeens32
        B. nmcli device create officeens32 Ethernet
        C. nmcli connection up officeens32
        D. nmcli con modify officeens32 ipv4.addresses 192.168.1.10
● Windows 系统中，DHCP 客户端通过发送 __(36)__ 报文请求 IP 地址配置信息，当指定的时间内未接收到地址配置信息时，客户端可能使用的 IP 地址是 __(37)__ 。
   (36) A. Dhcpdiscover　B. Dhcprequest　C. Dhcprenew　　D. Dhcpack
   (37) A. 0.0.0.0　　　　B. 255.255.255.255　C. 169.254.0.1　D. 192.168.1.1

62

- 邮件客户端需监听__（38）__端口及时接收邮件。
  (38) A．25　　　　　　B．50　　　　　　C．100　　　　　　D．110
- 邮件客户端使用__（39）__协议同步服务器和客户端之间的邮件列表。
  (39) A．POP3　　　　　B．SMTP　　　　　C．IMAP　　　　　D．SSL
- 网管员在 Windows 系统中，使用下面的命令得到的输出结果是__（40）__。

  C:>nslookup -qt=a cc.com

  (40) A．cc.com 主机的 IP 地址　　　　　B．cc.com 的邮件交换服务器地址
  　　　C．cc.com 的别名　　　　　　　　　D．cc.com 的 PTR 指针
- 在 UOS Linux 系统通过__（41）__指令，可以拒绝 IP 地址为 192.168.0.2 的远程主机登入到该服务器。
  (41) A．iptables -A input -p tcp -s 192.168.0.2 -source -port 22 -j DENY
  　　　B．iptables -A input -p tcp -d 192.168.0.2 -source -port 22 -j DENY
  　　　C．iptables -A input -p tcp -s 192.168.0.2 -destination -port 22 -j DENY
  　　　D．iptables -A input -p tcp -d 192.168.0.2 -destination -port 22 -j DENY
- 在防火墙域间安全策略中，不是 outbound 方向数据流的是__（42）__。
  (42) A．从 Trust 区域到 Local 区域的数据流　　B．从 Trust 区域到 Untrust 区域的数据流
  　　　C．从 Trust 区域到 DMZ 区域的数据流　　D．从 DMZ 区域到 Untrust 区域的数据流
- 为实现消息的不可否认性，A 发送给 B 的消息需使用__（43）__进行数字签名。
  (43) A．A 的公钥　　　B．A 的私钥　　　C．B 的公钥　　　D．B 的私钥
- 以下关于 AES 加密算法的描述中，错误的是__（44）__。
  (44) A．AES 的分组长度可以是 256 比特　　B．AES 的密钥长度可以是 128 比特
  　　　C．AES 所用 S 盒的输入为 8 比特　　　D．AES 是一种确定性的加密算法
- 在对服务器的日志进行分析时，发现某一时间段，网络中有大量包含"USER""PASS"负载的数据，该异常行为最可能是__（45）__。
  (45) A．ICMP 泛洪攻击　　B．端口扫描　　C．弱口令扫描　　D．TCP 泛洪攻击
- 假设有一个 LAN，每 10 分钟轮询所有被管理设备一次，管理报文的处理时间是 50ms，网络延迟为 1ms，没有明显的网络拥塞，单个轮询需要时间大约为 0.2s，则该管理站最多可支持__（46）__个设备。
  (46) A．4500　　　　　B．4000　　　　　C．3500　　　　　D．3000
- 某主机能够 ping 通网关，但是 ping 外网主机 IP 地址时显示"目标主机不可达"，出现该故障的原因可能是__（47）__。
  (47) A．本机 TCP/IP 协议安装错误　　　　B．域名服务工作不正常
  　　　C．网关路由错误　　　　　　　　　　D．本机路由错误
- 网络管理员用 netstat 命令监测系统当前的连接情况，若要显示所有 80 端口的网络连接，则应该执行的命令是__（48）__。
  (48) A．netstat -n -p|grep SYN_REC | wc -l　　B．netstat -anp |grep 80
  　　　C．netstat -anp |grep 'tcp|udp'　　　　　　D．netstat -plan|awk {print $5'}

- SNMP 的传输层协议是 （49） 。

  （49）A. UDP　　　　　B. TCP　　　　　C. IP　　　　　D. ICMP

- Windows 系统想要接收并转发本地或远程 SNMP 代理产生的陷阱消息，需要开启的服务是 （50） 。

  （50）A. SNMPServer 服务　　　　　B. SNMPTrap 服务

  　　　C. SNMPAgent 服务　　　　　D. RPC 服务

- 某公司的员工区域使用的 IP 地址段是 172.16.132.0/23，该地址段中最多能够容纳的主机数量是 （51） 台。

  （51）A. 254　　　　　B. 510　　　　　C. 1022　　　　　D. 2046

- 某公司为多个部门划分了不同的局域网，每个局域网中的主机数量如下表所示。计划使用地址段 192.168.10.0/24 划分子网，以满足公司每个局域网的 IP 地址需求，请为各部门选择最经济的地址段或子网掩码长度。

部门	主机数量	地址段	子网掩码长度
营销部	20	192.168.10.64	（52）
财务部	60	（53）	26
管理部	8	192.168.10.96	（54）

  （52）A. 24　　　　　B. 25　　　　　C. 26　　　　　D. 27

  （53）A. 192.168.10.0　　　　　B. 192.168.10.144

  　　　C. 192.168.10.160　　　　　D. 192.168.10.70

  （54）A. 30　　　　　B. 29　　　　　C. 28　　　　　D. 27

- 将连续的 2 个 C 类地址聚合后，子网掩码最长是 （55） 位。

  （55）A. 24　　　　　B. 23　　　　　C. 22　　　　　D. 21

- 在网络管理中，使用 display port vlan 命令可查看交换机的 （56） 信息，使用 port link-type trunk 命令修改交换机 （57） 。

  （56）A. ICMP 报文处理方式　　　　　B. 接口状态

  　　　C. VLAN 和 Link Type　　　　　D. 接口与 IP 对应关系

  （57）A. VLAN 地址　　　　　B. 交换机接口状态

  　　　C. 接口类型　　　　　D. 对 ICMP 报文处理方式

- 显示 OSPF 邻居信息的命令是 （58） 。

  （58）A. display ospf interface　　　　　B. display ospf routing

  　　　C. display ospf peer　　　　　D. display ospf lsdb

- 使用命令 vlan batch 10 15 to 19 25 28 to 30 创建了 （59） 个 VLAN。

  （59）A. 6　　　　　B. 10　　　　　C. 5　　　　　D. 9

- 下列命令片段的含义是 （60） 。

```
<Huawei> system-view
[Huawei] interface vlanif 2
[Huawei-Vlanif2]undo shutdown
```

(60) A. 关闭 vlanif2 接口　　　　　　　B. 恢复接口上 vlanif 缺省配置
　　　C. 开启 vlanif2 接口　　　　　　　D. 关闭所有 vlanif 接口
● 要实现 PC 机切换 IP 地址后，可以访问不同的 VLAN，需基于 (61) 技术划分 VLAN。
(61) A. 接口　　　　B. 子网　　　　C. 协议　　　　D. 策略
● 在千兆以太网标准中，采用屏蔽双绞线作为传输介质的是 (62) ，使用长波 1330nm 光纤的是 (63) 。
(62) A. 1000BASE-SX　　　　　　　　B. 1000BASE-LX
　　　C. 1000BASE-CX　　　　　　　　D. 1000BASE-T
(63) A. 1000BASE-SX　　　　　　　　B. 1000BASE-LX
　　　C. 1000BASE-CX　　　　　　　　D. 1000BASE-T
● 以下关于二进制指数退避算法的描述中，正确的是 (64) 。
(64) A. 每次站点等待的时间是固定的，即上次的 2 倍
　　　B. 后一次退避时间一定比前一次长
　　　C. 发生冲突不一定是站点发生了资源抢占
　　　D. 通过扩大退避窗口杜绝了再次冲突
● 以下关于 2.4G 和 5G 无线网络区别的说法中，错误的是 (65) 。
(65) A. 2.4G 相邻信道间有干扰，5G 相邻信道几乎无干扰
　　　B. 5G 比 2.4G 的传输速度快
　　　C. 穿过障碍物传播时 5G 比 2.4G 衰减小
　　　D. 5G 比 2.4G 的工作频段范围大
● 以下措施中，不能加强信息系统身份认证安全的是 (66) 。
(66) A. 信息系统采用 https 访问　　　　B. 双因子认证
　　　C. 设置登录密码复杂度要求　　　　D. 设置登录密码有效期
● (67) 存储方式常使用 NFS 协议为 Linux 操作系统提供文件共享服务。
(67) A. DAS　　　　B. NAS　　　　C. IP-SAN　　　　D. FC-SAN
● 某存储系统规划配置 25 块 8TB 磁盘，创建 2 个 RAID6 组，配置 1 块热备盘，则该存储系统实际存储容量是 (68) 。
(68) A. 200TB　　　　B. 192TB　　　　C. 176TB　　　　D. 160TB
● 以下关于三层模型核心层设计的说法中，错误的是 (69) 。
(69) A. 核心层是整个网络的高速骨干，应有冗余设计
　　　B. 核心层应有包过滤和策略路由设计，提升网络安全防护
　　　C. 核心层连接的设备不应过多
　　　D. 需要访问互联网时，核心层应包括一条或多条连接到外部网络的连接
● 下列关于项目收尾的说法中错误的是 (70) 。
(70) A. 项目收尾应收到客户或买方的正式验收确认文件
　　　B. 项目收尾包括管理收尾和技术收尾
　　　C. 项目收尾应向客户或买方交付最终产品、项目成果、竣工文档等

D. 合同中止是项目收尾的一种特殊情况

- A network attack is an attempt to gain (71) access to an organization's network, with the objective of stealing data or performing other malicious activities. Plagiarism is a (72) -of-service(DoS) attack. It is a cyber-attack in which the attacker seeks to make a machine or network resource unavailable to its intended users by temporarily or indefinitely disrupting services of a host connected to a network. In the case of a simple attack, a (73) could have a simple rule added to deny all incoming traffic from the attackers, based on protocols, ports, or the originating IP addresses. In a (74) DoS(DDoS) attack, the incoming traffic flooding the victim originates from (75) different sources. This effectively makes it impossible to stop the attack simply by blocking a single source.

(71) A. unauthorized   B. authorized   C. normal   D. frequent
(72) A. defense   B. denial   C. detection   D. decision
(73) A. firewall   B. router   C. gateway   D. switch
(74) A. damaged   B. descriptive   C. distributed   D. demanding
(75) A. two   B. many   C. much   D. ten

网络工程师 机考试卷第3套
应用技术卷

试题一（20分）

阅读以下说明，回答【问题1】至【问题4】，将解答填入答题纸的对应栏内。

【说明】某企业办公楼网络拓扑如图1-1所示，该网络中交换机Switch1~Switch4为二层设备，分布在办公楼各层，上连采用千兆光纤，核心交换机、防火墙、服务器部署在数据机房，核心交换机实现冗余配置。

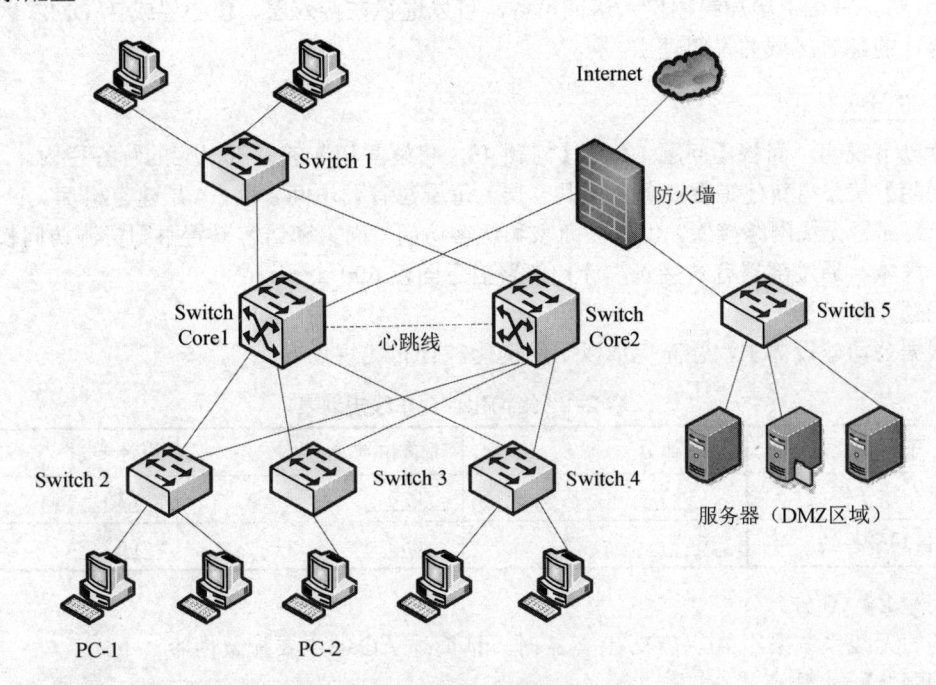

图1-1 某企业办公楼网络拓扑图

【问题1】（4分）

该企业办公网络采用172.16.1.0/25地址段，部门终端数量见表1-1，请将其中的网络地址规划补充完整。

【问题2】（6分）

（1）简要说明图1-1中干线布线与水平布线子系统分别对应的区间。
（2）在网络线路施工中应遵循哪些规范（至少回答4点）？

表1-1 部门终端数量表

部门	终端数量	可配置IP	掩码长度
A	8	172.16.1.1～172.16.1.14	（1）
B	12	（2）	28
C	30	（3）	27
D	35	172.16.1.65～172.16.1.126	（4）

【问题3】（6分）

若将 PC-1、PC-2 划分在同一个 VLAN 进行通信，需要在相关交换机上做哪些配置？在配置完成后应检查哪些内容？

【问题4】（4分）

（1）简要说明该网络中核心交换机有哪几种冗余配置方式。

（2）在该网络中增加终端接入认证设备，可以选择在接入层、核心层或者 DMZ 区部署。请选择最合理的部署区域并说明理由。

试题二（20分）

阅读以下说明，回答【问题1】至【问题4】，将解答填入答题纸对应的解答栏内。

【说明】某公司新建综合业务大楼共9层，每层建有弱电间1间，4层建有机房。1～3层作为商场，计划部署无线网络接入，供入住商家和访客访问，商家和访客设置不同资源访问权限；4～9层为办公区域，通过部署有线接入，计划部署信息面板600个。

【问题1】（6分）

请根据公司建设需求，补充完成以下结构化综合布线规划表。

表2-1 结构化综合布线规划表

子系统	组成部分	部署位置	设计要求
水平布线子系统	（1）	（2）	（3）
设备间子系统	（4）	（5）	（6）

【问题2】（6分）

商场的无线系统采用 AC+FIT AP 模式时，请简述 AC 的主要配置内容。

【问题3】（4分）

请列举常用无线认证方式，商场打印机和访客分别采用什么认证方式较为合适？

【问题4】（4分）

当前配置的 AP 最大接入用户≤30，由于商场空间大，人流量大，计划通过缩小 AP 部署间隔、增加 AP 数量等方式，提升无线上网体验，请问该方式部署规划存在哪些缺点，应采用什么措施解决？

试题三（共20分）

阅读以下说明，回答【问题1】至【问题3】，将解答填入答题纸对应的解答栏内。

【说明】 图 3-1 为某大学的校园网络拓扑，生活区和教学区距离较远，R1 和 R6 分别作为生活区和教学区的出口设备，办公区使用 OSPF 作为内部路由协议。通过部署 BGP 获得所需路由，使生活区和教学区可以互通。通过配置路由策略，将 R2<-->R3<-->R4 链路作为主链路，负责转发 R1 和 R6 之间的流量；当主链路断开时，自动切换到 R2<-->R5<-->R4 这条路径进行通信。

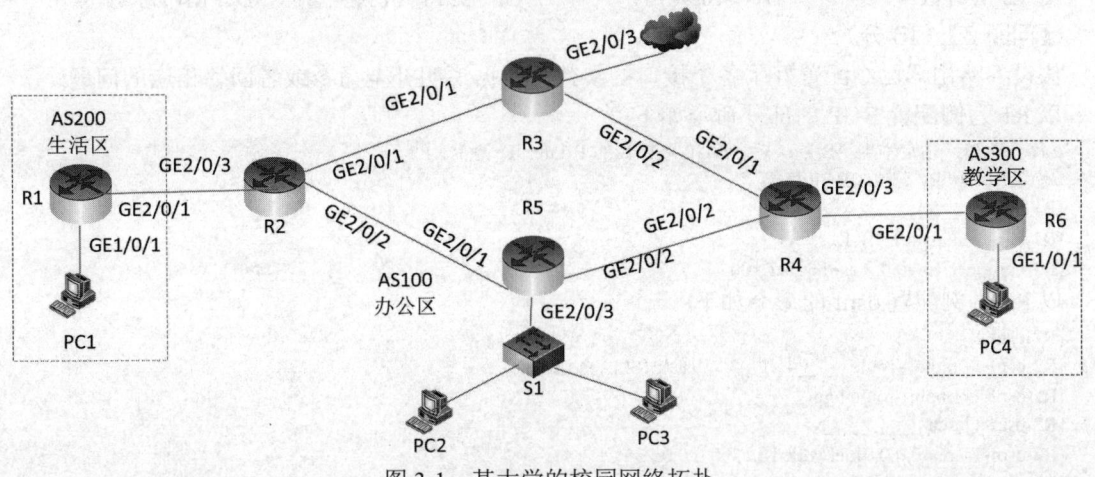

图 3-1 某大学的校园网络拓扑

办公区自治系统编号 100、生活区自治系统编号 200、教学区自治系统编号 300，路由器接口地址信息见表 3-1。

【问题 1】（2 分）

该网络中，网络管理员要为 PC2 和 PC3 设计一种接入认证方式，如果无法通过认证，接入交换机 S1 可以拦截 PC2 和 PC3 的业务数据流量。下列接入认证技术可以满足要求的是　(1)　。

（1）备选答案：

A．Web/Portal　　　　　B．PPPoE　　　　　C．IEEE 802.1x　　　　　D．短信验证码认证

表 3-1 路由器接口地址信息

设备	接口	IP 地址	设备	接口	IP 地址
R1	GE1/0/1	10.10.0.1/24	R4	GE2/0/1	10.2.0.101/24
	GE2/0/1	10.20.0.1/24		GE2/0/2	10.40.0.101/24
R2	GE2/0/1	10.1.0.101/24		GE2/0/3	10.50.0.2/24
	GE2/0/2	10.30.0.101/24	R5	GE2/0/1	10.30.0.102/24
	GE2/0/3	10.20.0.2/24		GE2/0/2	10.40.0.102/24
R3	GE2/0/1	10.1.0.102/24		GE2/0/3	10.3.0.102/24
	GE2/0/2	10.2.0.102/24	R6	GE1/0/1	10.60.0.1/24
	GE2/0/3	218.63.0.2/24		GE2/0/1	10.50.0.1/24

【问题 2】(2 分)

在疫情期间，利用互联网开展教学活动，通过部署 VPN 实现 Internet 访问校内受限的资源。以下适合通过浏览器访问的实现方式是___(2)___。

(2) 备选答案：

A．IPSec VPN　　　　B．SSL VPN　　　　C．L2TP VPN　　　　D．MPLS VPN

【问题 3】(16 分)

假设各路由器已经配置好了各个接口的参数，根据说明补全命令或者回答相应的问题。

以 R1 为例配置 BGP 的部分命令如下：

//启动 BGP，指定本地 AS 号，指定 BGP 路由器的 Router ID 为 1.1.1.1，
//配置 R1 和 R2 建立 EBGP 连接
[R1]bgp ___(3)___
[R1-bgp] router-id 1.1.1.1
[R1-bgp]peer 10.20.0.2 as-number 100

以 R2 为例配置 ospf 的命令如下：

[R2]ospf 1
[R2-ospf-1] import-route ___(4)___　　//导入 R2 的直连路由
[R2-ospf-1] import-route bgp
[R2-ospf-1]area ___(5)___
[R2-ospf-1-area-0.0.0.0]network 10.1.0.0 0.0.0.255
[R2-ospf-1-area-0.0.0.0]network 10.30.0.0 0.0.0.255

以路由器 R2 为例配置 BGP 的命令如下：

//启动 BGP，指定本地 AS 号，指定 BGP 路由器的 router id 为 2.2.2.2
[R2]bgp 100
[R2-bgp]router-id 2.2.2.2
[R2-bgp]peer 10.2.0.101　as-number 100

上面这条命令的作用是___(6)___。

[R2-bgp]peer 10.40.1.101 as-number 100
[R2-bgp]peer 10.20.1.101 as-number 200
//配置 r2 发布路由
[R2-bgp]ipv4-family unicast
[R2-bgp-af-ipv4]undo synchronization
[R2-bgp-af-ipv4]preference 255 100 130

上面这条命令执行后，IBGP 路由优先级高还是 ospf 路由优先级高？回答：___(7)___。

以路由器 R2 为例，下列两条命令的作用是___(8)___。

[R2]acl number 2000
[R2-acl-basic-2000]rule 0 permit source 10.20.0.0 0.0.0.255

#配置路由策略，将从对等体 10.20.0.1 学习到的路由发布给对等体 10.2.0.101 时，本地优先级为 200，请补全以下配置命令。

[R2] route-policy local-pre permit node 10
[R2-route-policy-local-pre-10] if-match ip route-source acl ___(9)___
[R2-route-policy-local-pre-10]apply local-preference ___(10)___

试题四（共 15 分）

阅读以下说明，回答【问题 1】至【问题 2】，将解答填入答题纸对应的解答栏内。

【说明】某公司两个机构之间的通信示意图如图 4-1 所示，为保证通信的可靠性，在正常情况下，RA 通过 GE1/0/1 接口与 RB 通信，GE1/0/2 和 GE1/0/3 接口作为备份接口，当接口故障或者带宽不足时，快速切换到备份接口，由备份接口来承担业务流量或者负载分担。

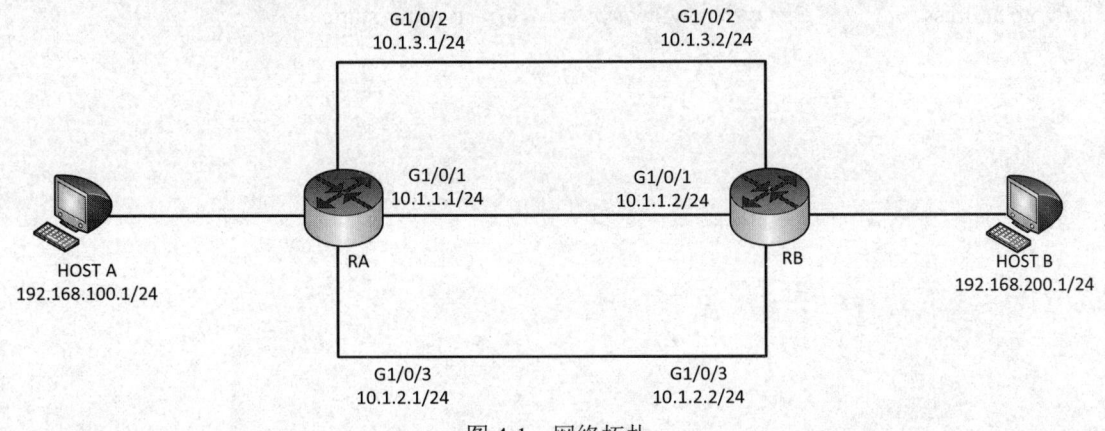

图 4-1 网络拓扑

【问题 1】（8 分）
评价系统可靠性通常采用平均故障间隔时间（Mean Time Between Failures，MTBF）和平均修复时间（Mean Time to Repair，MTR）这两个技术指标。其中 MTBF 是指系统无故障运行的平均时间，通常以 __(1)__ 为单位。MTBF 越 __(2)__，可靠性也就越高，在实际的网络中，故障难以避免，保证可靠性的技术从两个方面实现，故障检测技术和链路冗余，其中常见的关键链路冗余有接口备份、__(3)__、__(4)__ 和双机热备份技术。

【问题 2】（7 分）
路由器 RA 和 RB 的 GE1/0/1 接口为主接口，GE1/0/2 和 GE1/0/3 接口分别为备份接口，其优先级分别为 30 和 20，切换延时均为 10s。

1. 配置各接口 IP 地址及 Host A 和 Host B 之间的静态路由，配置 R1 各接口的 IP 地址，RB 的配置略。

```
<Huawei>   (5)
[Huawei]   (6)   RA
[RA] interface GigabitEthernet 1/0/1
[RA-GigabitEthernet0/0/1]   (7)   10.1.1.1 255.255.255.0
[RA-GigabitEthernet0/0/1] quit
......
#在 RA 上配置去往 Host B 所在网段的静态路由。
[RA]   (8)   192.168.100.0 24 10.1.1.2
......
```

2. 在 RA 上配置主备接口。

```
[RA] interface GigabitEthernet 1/0/1
[RA-GigabitEthernet1/0/1]   (9)   interface GigabitEthernet 1/0/2   (10)
[RA-GigabitEthernet1/0/1] standby interface GigabitEthernet 1/0/3 20
```

[RA-GigabitEthernet1/0/1] standby __(11)__ 10 10
[RA-GigabitEthernet1/0/1] quit

空（5）～（11）选项：

A．sysname/sysn   B．timer delay   C．standby   D．30
E．ip address   F．system-view/sys   G．ip route-static

网络工程师 机考试卷第3套
基础知识卷参考答案及解析

(1) 参考答案：B

试题解析 量子密钥分发（QKD）的核心安全性基于量子力学原理，量子纠缠和量子态的不可克隆性。任何对量子态的窃听行为都会引入扰动，从而被通信双方检测到。

(2) 参考答案：B

试题解析 Python 是一种跨平台、开放式的<u>解释型</u>程序设计语言，它支持面向对象的程序设计以及动态编程。

(3) 参考答案：A

试题解析 主存—辅存结构是典型的虚拟存储体系结构。

(4) 参考答案：B

试题解析 流媒体技术是一种新型的媒体传送技术，可以在不下载全部视频的前提下一边下载一边播放。因此流媒体技术可以用于观看视频或者网络直播，在播放的过程中通常需要通过缓存技术提高播放的质量。流媒体文件可以通过相关的技术手段下载到本地。

(5) 参考答案：B

试题解析 SDN 在 5G 中的主要作用是提升网络的灵活性和可编程性，通过集中控制平面实现网络资源的动态分配和管理。

(6) 参考答案：A

试题解析 白盒测试是一种了解内部逻辑结构的测试，因此确定测试数据是根据程序的内部逻辑指定的。

(7) 参考答案：A

试题解析 RISC 精简指令集的基本特性是指令条数较少，但是每条指令执行频率高。

(8) 参考答案：A

试题解析 云计算是将所有的客户计算都集中到云上，云上的计算资源是由各种计算机设备所提供的，用于对外提供统一的服务。

(9) 参考答案：B

试题解析 《中华人民共和国网络安全法》第二十一条规定，记录网络运行状态、网络安全事件相关的网络日志，留存不少于六个月。

(10) 参考答案：C

试题解析 本题考查数据库事务的基本特性，属于基础概念题。一致性是指事务必须使数据库从一个一致性状态变换到另一个一致性状态，也就是说一个事务执行之前和执行之后都必须处于一致性状态。原子性是指事务包含的所有操作要么全部成功，要么全部失败。隔离性是当多个用户并发访问数据库时，比如同时操作同一张表时，数据库为每一个用户开启的事务，不能被其他事务的操作所干扰，多个并发事务之间要相互隔离。持久性是指一个事务一旦被提交了，那么对数据库中的数据的改变就是永久性的，即便是在数据库系统遇到故障的情况下也不会丢失提交事务的操作。

（11）**参考答案**：C

试题解析 交换机根据对信号的处理方式不同，一般分为存储-转发式交换机、直通交换式交换机和无碎片交换式交换机。通常情况下，交换机使用的都是存储-转发方式。

（12）**参考答案**：D

试题解析 10GBASE-ER 中的"ER"是"Extended Range"（超长距离）的缩写，表示连接距离可以非常长。该规范支持编码方式为 64B/66B 的超长波（1550nm）单模光纤（SMF），有效传输距离为 2 米至 40 千米。

（13）**参考答案**：A

试题解析 回波损耗也叫反射损耗，是一种由于反射引起的信号衰减。

（14）**参考答案**：B

试题解析 这是一道基础概念题，在《网络工程师 5 天修炼》中专门进行了详细的总结，详见下表。100BASE-FX 使用的是 4B5B 编码，然后再用 NRZI 进行传输。

常见的 mB/nB 编码

编码	定义	应用领域
4B/5B	将 4 个比特数据编码成 5 个比特符号的方式 编码效率为 4bit/5bit=80%	FDDI、100Base-TX、100Base-FX
8B/10B	8B/10B 编码是将一组连续的 8 位数据分解成两组数据，一组 3 位，一组 5 位，经过编码后分别成为一组 4 位的代码和一组 6 位的代码，从而组成一组 10 位的数据发送出去。编码效率为 8bit/10bit=80%	USB 3.0、1394b、Serial ATA、PCI Express、Infini-band、Fiber Channel、RapidIO、千兆以太网
64/66B	将 64 位信息编码为 66 位符号。编码效率为 64bit/66bit=97%	万兆以太网
8B/6T	将 8 位映射为 6 个三进制位	100Base-T4（3 类 UTP）

（15）**参考答案**：C

试题解析 本题是对 PCM 中的量化概念的考查。要进行 64 级量化，需要 0～63 来表示 64 个等级，所以二进制数是 000000～111111，一共需要 6 位。

（16）**参考答案**：D

试题解析 1000BASE-SX 最大传输距离不超过 550 米。1000BASE-CX 的传输距离最大为 25 米。1000BASE-T 的最大传输距离是 100 米。

（17）**参考答案**：A

试题解析 用于连接各层配线室的是垂直子系统。

（18）**参考答案**：D

试题解析 BAMI 的编码使用三个电平来表示两个二进制数，可以认为这种编码方式的效率是 2/3。曼彻斯特编码的编码效率是 50%，4B5B 的编码效率是 80%。NRZI 的每一个波形都可以代表一个二进制数，因此可以认为编码效率是 100%。

（19）**参考答案**：D

📡**试题解析**　IEEE 标准体系是考试中常考的知识点。

802.11ac 也称为千兆 Wi-Fi（或 Wi-Fi 5）。802.11a 是对无线局域网 802.11 标准的修订，该标准使用与 802.11 标准相同的基本协议，工作在 5GHz 频段，通过引入正交频分复用（Orthogonal Frequency Division Multiplexing，OFDM）技术使得其支持高达 54Mb/s 的理论吞吐量。802.11b 工作在 2.4GHz 频段，802.11ax 也称为 Wi-Fi 6 或者 AX Wi-Fi。Wi-Fi 6 比 Wi-Fi 5 速度更快、时延及功耗更低、支持的并发设备数量更多。

（20）**参考答案**：B

📡**试题解析**　ICMP 协议属于网络层中层次较高的协议，比 IP 协议的层次更高，根据上层协议数据封装在下层协议中的原则，ICMP 报文是封装在 IP 报文中进行传送的。

（21）（22）**参考答案**：B　C

📡**试题解析**　TCP 的流量控制采用可变大小的滑动窗口流量控制协议，TCP 报文流量控制是按照字节编号进行控制。TCP 首部中的"窗口"字段用于流量控制，是接收方让发送方设置其发送窗口大小的依据，表明期待下一次接收的字节数。

（23）**参考答案**：C

📡**试题解析**　在 UDP/TCP 伪首部中，包含 32 位源 IP 地址、32 位目的 IP 地址、8 位填充 0、8 位协议、16 位 TCP/UDP 长度。因此伪首部中不包含的字段是标识符。

（24）（25）**参考答案**：B　A

📡**试题解析**　本题考查 IP 数据报分片计算，主要是掌握分片大小和片偏移的计算。尤其注意片偏移的基本单位是 8Byte。要对 3000Byte 的 IP 数据分组进行分片，其中 IP 首部至少 20Byte，数据部分是 2980Byte，而当 MTU=1500Byte 时，数据报最多只能携带 1480Byte 的数据，所以对于 2980Byte 的数据需要 3 个数据报（数据部分 1480+1480+20）才能通过。首部中的 Offset 字段表示该分片在原分组中的相对位置（特别注意单位是 8Byte），而最后一个分片的相对位置是第 2960Byte，所以 Offset 的取值是 2960÷8=370。

（26）**参考答案**：D

📡**试题解析**　选项 A、B、C 都是常见的内部网关协议。边界网关协议（Border Gateway Protocol，BGP）是自治系统之间的外部网关协议，目前常用的是第 4 版。

（27）**参考答案**：C

📡**试题解析**　IP 数据包中的 TTL 字段用于控制 IP 包经过的路由器个数，每经过一个路由器，数据包中的 TTL 值减去 1。一旦 TTL 的值等于 0，路由器就会将该数据包丢弃，避免数据包在网络中不断循环传输。

（28）**参考答案**：D

📡**试题解析**　安全的数据/文件传输协议通常是采用相关的安全协议实现数据的安全传输，如 https 基于 SSL（Secure Sockets Layer）实现数据传输安全，SSH（Secure Shell）和 SFTP（Secure STP）都是安全的数据传输协议，而 Telnet 是一种采用明文传输的远程登录协议。

（29）参考答案：B

▶试题解析 超文本传输协议（Hyper Text Transfer Protocol，HTTP）用于从 WWW 服务器传输超文本到本地浏览器，所有通过 WWW 网络传输的文件都必须遵守这个标准。

（30）参考答案：A

▶试题解析 SMTP 的默认服务端口号是 25，HTTP 的默认服务端口号是 80，POP3 的默认服务端口号是 110，HTTPS 的默认服务端口号是 443。

（31）参考答案：B

▶试题解析 UOS Linux 系统中所有的配置文件均存放在/etc 目录下，因此可以首先排除掉 A 选项和 C 选项。hosts 文件是 Linux 系统上一个负责 IP 地址与域名解析的文件，hosts 文件格式如下：

```
ip 地址    主机名/域名    （主机别名）
```

/etc/resolv.conf 是 DNS 客户机配置文件，用于设置 DNS 服务器的 IP 地址及 DNS 域名，还包含了主机的域名搜索顺序。

（32）参考答案：B

▶试题解析 cp 命令是 Linux 常用的文件复制命令，有非常多的参数。-l 表示不复制文件只复制链接；-p 表示将文件的属性（如访问权限）一起复制；-r 表示复制子目录下的所有目录及文件；-f 表示覆盖已经存在的目标文件且不给出提示。

（33）参考答案：A

▶试题解析 资源预留所采用的机制是一种准入控制机制，只有经过预约的数据流才可以使用预约的资源，没有经过预约的数据流不可以使用。因此最佳答案是 A。

（34）参考答案：B

▶试题解析 本题考查考生对 Windows 基本网络命令及参数的掌握。
ipconfig /release：DHCP 客户端手工释放 IP 地址。
ipconfig /displaydns：显示本地 DNS 内容。
ipconfig /flushdns：清除本地 DNS 缓存内容。
ipconfig /registerdns：DNS 客户端手工向服务器进行注册。

（35）参考答案：A

▶试题解析 nmcli con add 用于创建新连接，type ethernet 指定类型。选项 D 是修改 IP 的命令，选项 C 是激活连接，而选项 B 中有语法错误。

（36）（37）参考答案：A C

▶试题解析 DHCP 客户端发送 Dhcpdiscover 报文向服务器请求分配 IP 地址，如果服务器没有回应，客户端会使用保留地址 169.254.X.X 中的随机地址。

（38）参考答案：D

▶试题解析 本题考查的是基本概念，要求考生掌握常见应用协议对应的端口。其中接收邮件的 POP3 协议的默认端口是 110。

（39）**参考答案**：C

✒**试题解析** 因特网邮件存取协议（Internet Mail Access Protocol，IMAP），顾名思义，Internet 中的邮件也就是邮件服务器中的邮件，从其中存取邮件，就是把服务器邮件中的邮件同步到客户端。

（40）**参考答案**：A

✒**试题解析** 本题考查考生对 Windows 网络命令及参数的掌握。nslookup 是一个常用于检查 DNS 服务器的命令。其中"qt=a"表示的查询的记录类型是 a，而 a 类型的记录用于记录域名对应的 IP 地址信息，因此选择 A。选项 B 对应的记录类型为 mx。

（41）**参考答案**：C

✒**试题解析** iptables 命令在考试中出现较罕见，通常无须深入了解 iptables 的相关参数，但是要能根据命令中的常见参数项了解命令的意义。本题中只要知道-s 表示源地址，后面-destination-port 22 表示目标端口即可判断选项 C 是正确的。

（42）**参考答案**：A

✒**试题解析** 在华为防火墙上，从高安全级别流向低安全级别的都看作 outbound（出站）方向，反之则为 inbound（入站）方向。通常在防火墙中，安全级别由高到低依次为 Local、Trust、DMZ、Untrust。

（43）**参考答案**：B

✒**试题解析** 本题考查基本的数字签名和验证数字签名过程中各种密钥的基本作用，属于必须要掌握的基本概念，通常 A 使用 A 的私钥进行签名，然后 B 使用 A 的公钥进行签名验证。

（44）**参考答案**：A

✒**试题解析** AES 支持 128、192、256 比特的密钥长度，但是其分组长度固定为 128 比特。AES 中 S 盒输入为 8 比特。由于 AES 算法中相同的明文经过相同的密钥加密之后密文总是确定不变的，因此 AES 是一种确定性的加密算法。

（45）**参考答案**：C

✒**试题解析** USER、PASS 负载是典型的用户验证负载，因此这是在进行口令扫描。

（46）**参考答案**：D

✒**试题解析** 简单计算题，代入公式即可。但是本题中多了 2 个变量，网络延迟 1ms 与处理时间 50ms，实际上就是 2 个干扰项。因为轮询时间是包含了发送时间、处理时间、网络延时等各种时间，最后统一为轮询时间。最终一个站的轮询需要的时间是 0.2s，因此能管理的设备是 10×60×1000÷0.2×1000=3000。

（47）**参考答案**：C

✒**试题解析** 某主机能够 ping 通网关说明本机路由正常，TCP/IP 协议栈正常，由于 ping 的是 IP 地址，与 DNS 无关。

（48）**参考答案**：B

✒**试题解析** 使用 netstat 进行系统监测时，可以通过 grep 对输出进行过滤。题目要求显示所有 80 端口的网络连接，因此在过滤的字符串中需要加入 80，显然只有选项 B 符合要求。

（49）**参考答案**：A

⚔️**试题解析** 简单网络管理协议（Simple Network Management Protocol，SNMP）是一种主要用于管理 IP 网络中的网络节点（如服务器、路由器、交换机等）的应用层协议。它是一种网络管理协议，网络管理工作站与被管设备之间，无需建立连接，可以直接进行通信。因此在传输层需要使用无连接的 UDP 协议，一般使用的端口号是 161 和 162。TCP 是面向连接的传输层协议，IP 与 ICMP 都是网络层协议。

（50）**参考答案**：B

⚔️**试题解析** 历年考试中经常考类似的题目，需要考生了解 Windows 系统中 SNMP 相关服务的作用和特点。Windows 中的 SNMPTrap 服务可以接收并转发本地或远程的 SNMP 代理产生的陷阱信息。

（51）**参考答案**：B

⚔️**试题解析** 本题是典型的 IP 地址计算题。根据子网掩码是/23 可以知道网络位为 23 位，主机位为 9 位，所以网络规模是 2^9=512，除去网络地址和广播地址这两个地址以外，都是主机地址，所以容纳主机数量是 512–2=510 台。

（52）（53）（54）**参考答案**：D A C

⚔️**试题解析** 主机数是 20 的网络，其网络规模 2^n（子网中 IP 地址数）应该取大于 22（20 加 1 个网络地址再加 1 个广播地址），则 n 最小为 5（即主机位至少需占 5 位）。对应的掩码是 32（IP 地址总位数）–5（主机位）=27，因此掩码是/27；（54）空同理，对应的掩码是/28。（53）空的网络地址中的最后一个字节的数值必须是网络规模的整数倍，才可能是对应的子网地址，只有 A 选项是 64 的整数倍。

（55）**参考答案**：B

⚔️**试题解析** C 类地址的前 24 位为网络位，后 8 位为主机位。每个 C 类地址拥有 2^8=256 个 IP 地址（主机位全 0 作为网段地址；主机位全 1 作为广播地址，因此共有两个 IP 地址不可用作主机地址），2 个 C 类地址拥有的 IP 地址数是 256×2=512 个，因此主机位需占 9 位（2^9=512）、网络位占 32–9=23 位。所以聚合后的网段子网掩码长度为 23 位。

（56）（57）**参考答案**：C C

⚔️**试题解析** 本题考查的是交换机的基本命令。display port vlan 命令的显示效果如下，从图中可以看到命令输出中包含了各个 VLAN 与对应的端口 Link Type、PVID、Trunk 等信息，因此这个命令可以查看交换机的 Vlan 和 Link Type 信息。

```
<Huawei> display port vlan

Port                   Link Type    PVID    Trunk VLAN List
--------------------------------------------------------------
GigabitEthernet0/0/1   trunk        1       1 2001
```

而 port link-type trunk 命令的功能是把交换机接口的类型修改为 trunk。

（58）**参考答案**：C

⚔️**试题解析** 在华为命令中，disp ospf 后面的 peer 指的是 neighbor router，因此选 C。

(59) 参考答案：B

💥试题解析 本题虽然看起来相对较偏，但再通过下一题可知，IEEE 802.1q 中关于 VLAN Tag（VLAN 标签）定义部分的内容是比较重要的，大家需深入理解 VLAN Tag 的结构与作用机理。

VLAN ID 的格式是由 IEEE 802.1q 协议规定的（VLAN ID 属于 VLAN Tag 的一部分）：VLAN ID 用 12 位（bit）表示，可以表示 4096 个 VLAN，编号为 0～4095。其中：0 与 4095 系统保留（用户不可用）；1～1005 是标准范围（1 仅可使用不可删除）；以太网的 VLAN ID 范围为 2～1000；FDDI 和令牌环网的 VLAN ID 范围是 1002～1005；1006～1024 为系统保留（用户不可用）；1025～4094 是扩展范围。

VLAN name 的作用是给 VLAN ID 起一个好记又好看的别名，用 32 个字符标识，可以是字母和数字。VLAN name 的格式是由设备的操作系统规定的。

(60) 参考答案：C

💥试题解析 题干中的 undo shutdown 就是不要关闭的意思，也就是开启该接口。

(61) 参考答案：B

💥试题解析 VLAN 划分的方式主要有基于端口、基于 MAC 地址、基于 IP 子网、基于上层协议、基于各种策略的划分。从题干中可以看到用户切换 IP 地址后可以访问不同的 VLAN，很显然是一种基于子网的方式划分 VLAN。

(62)(63) 参考答案：C B

💥试题解析 千兆以太网标准中，只有 1000BASE-CX 标准中使用的是屏蔽双绞线，最大传输距离 25 米；1000BASE-SX、1000BASE-LX 标准中使用的是光纤；1000BASE-T 标准中使用的是 5 类铜线，因此选 C。使用长波 1330 纳米的是 1000BASE-LX。

(64) 参考答案：C

💥试题解析 二进制指数退避算法中，每次站点等待的时间是 2τ（也称退避窗口，也就是信号在站点间一个来回所需的时间）再乘以一个特定范围内的随机数。因此，不但不一定是上次等待时间的 2 倍，也不一定比上次等待时间长。通过扩大退避窗口，可减少冲突，但不能杜绝冲突。发生信号冲突的原因，的确不一定是站点发生了资源抢占，也可能是线路发生了资源抢占。

(65) 参考答案：C

💥试题解析 5G 信号频率高、波长短，2.4G 信号频率低、波长更长，所以 5G 信号穿过障碍物时衰减更大，穿墙能力比 2.4G 信号弱；5GHz 频率高，单位时间能携带的信息多，速度更快；介质（或介质中的某个信道）的带宽实际是指可通过的最高频率与最低频率之差，因此带宽越大其工作频段范围就越大。正因为 5G 的工作频段范围更大，因此信道不易产生拥挤情况，信道干扰更小。

(66) 参考答案：A

💥试题解析 加强信息系统身份认证安全的基本手段可以进行双因子认证、给用户传送的账户及密码信息进行加密、设置用户登录密码复杂性要求等。而选项 D 虽然在一定程度上可以提高系统的安全，但与系统身份认证安全不直接相关。

(67) 参考答案：B

💥试题解析 网络附属存储（Network Attached Storage，NAS）又称"网络存储器"，它支持多种协议，如 NFS（Network File System）、CIFS（Common Internet File System）、FTP（File Transfer Protocol）、HTTP（Hyper Text Transfer Protocol）等。NAS 常使用 NFS 为 Linux 操作系统提供文件共享服务。

（68）参考答案：D

试题解析 根据存储系统规划，共 25 块磁盘，需配置一块热备，因此实际用于配置 RAID 组的磁盘有 24 块；分为 2 个 RAID6 组，因此每个组 12 块硬盘；由于 RAID6 有两块校验盘，因此在每个组里面实际用于存储数据的硬盘是 12−2=10 块。所以该存储系统实际的存储容量=2×10×8=160TB。

（69）参考答案：B

试题解析 核心层是整个网络的高速骨干，为了提高数据转发的能力，核心层不应该对数据包/帧进行任何的处理，比如处理访问列表和进行过滤。核心层设计任务的重点通常是提高冗余能力和可靠性。

（70）参考答案：B

试题解析 项目收尾分为管理收尾和<u>合同收尾</u>。

（71）（72）（73）（74）（75）参考答案：A B A C B

试题解析（译文） 网络攻击是指试图对一个组织的网络进行未经授权的访问，目的是 (71) 获取数据或执行其他恶意活动。剽窃是一种 (72) 服务（DoS）攻击，这是一种网络攻击，攻击者通过临时或无限期中断连接到网络的主机的服务，试图使机器或网络资源对其预期用户不可用。在简单攻击的情况下，可通过在 (73) 中添加一个简单的规则，如通过协议、端口或源 IP 地址拒绝来自攻击者的所有传入流量。在 (74) DoS（DDoS）攻击中，淹没受害者的传入流量来自 (75) 不同的源头，这实际上使得仅通过阻止单个源的方法无法阻止这种攻击。

（71）A. 未经授权地　　B. 已授权　　　C. 正常地　　　　D. 经常地
（72）A. 防御　　　　　B. 拒绝　　　　C. 检测　　　　　D. 决定
（73）A. 防火墙　　　　B. 路由器　　　C. 网关　　　　　D. 交换机
（74）A. 破坏式　　　　B. 叙述式　　　C. 分布式　　　　D. 强制式
（75）A. 两个　　　　　B. 多个（可数）　C. 多个（不可数）　D. 十个

网络工程师 机考试卷第3套
应用技术卷参考答案及解析

试题一

【问题1】试题解析

部门A终端数量为8,则需要网络规模为16(2^4=16>8)的子网才能满足需求,所以主机位占4位,网络位占32–4=28位。由此第(1)空为28。同理,部门D终端数量为35,则网络规模应该是2^6=64,所以主机位占6位,网络位占32–6=26位,由此第(4)空为26。

由"该企业办公网络采用172.16.1.0/25地址段"可知,整个企业网络的地址范围是172.16.1.0~172.16.1.127,除去部门A和D所用的地址,剩余地址范围是172.16.1.16~172.16.1.63。

部门B的网络规模为16,部门C的网络规模为32,所以部门B使用IP地址范围是172.16.1.16~172.16.1.31,部门C使用IP地址范围是172.16.1.32~172.16.1.63。除去网络地址(主机位全为0的地址)和广播地址(主机位全为1的地址)后,得到第(2)空为172.16.1.17~172.16.1.30,第(3)空为172.16.1.33~172.16.1.62。

参考答案

(1)28 (2)172.16.1.17~172.16.1.30 (3)172.16.1.33~172.16.1.62 (4)26

【问题2】试题解析

(1)干线子系统连接至各个楼层水平子系统,是整个大楼的信息交通枢纽。核心交换机位于主设备间(即数据机房),可知干线子系统对应的是核心交换机与各楼层交换机(Switch 1~Switch 4)之间的布线区域;水平布线子系统是管理子系统与工作区子系统中间的部分,对应的是各楼层交换机(Switch 1~Switch 4)至各个办公室的信息插座的布线区域。

(2)本题参照《综合布线系统工程设计规范》(GB 50311—2016)相关标准即可。

参考答案

(1)干线子系统对应的是核心交换机(Switch Core1,Swith Core2)与各楼层交换机(Switch 1~Switch 4)之间的布线区域;水平布线子系统是各楼层交换机(Switch 1~Switch 4)至各个办公室的信息插座的布线区域。

(2)网络线路施工中应遵循:①配线子系统缆线宜采用在吊顶、墙体内穿管或设置金属密封线槽及开放式(电缆桥架、吊挂环等)敷设;②干线子系统垂直通道穿过楼板时宜采用电缆竖井方式;③建筑群之间的缆线宜采用地下管道或电缆沟敷设方式;④缆线应远离高温和电磁干扰的场地;⑤管线的弯曲半径应符合规范要求;⑥布放在管与线槽内的缆线管径与截面利用率应根据不同类型的缆线做不同的选择。(回答4点即可得满分)

【问题3】试题解析

本题就是要求考生根据实际需要配置一个跨交换机的VLAN,这是网络工程师的基本技能。

通常的做法是首先分别在各个交换机上创建 VLAN，并将对应的接口指定在 VLAN 下。在连接交换机之间的端口上设置 Trunk，在三层交换机上创建各个 VLAN 对应的虚接口充当各个子网的网关，实现三层通信。

参考答案

需要配置的内容：①在两台核心交换机 Switch2、Switch3 上分别创建一个分配给两台 PC 使用的 VLAN；②在核心交换机与 Switch2、Switch3 之间的互联接口配置为 Trunk，并允许该 VLAN 通过；③Switch2 连接 PC1 的接口、Switch3 连接 PC2 的接口，都配置为 access 并允许该 VLAN 通过。

需要的检查：①可在接入交换机 Switch2、Switch3 上查看 VLAN 号和端口对应关系是否正确；②在两台 PC 使用 ping 命令，测试两台 PC 是否连通。

【问题 4】试题解析

交换网络中核心交换机是非常重要的，通常可采用冗余配置方式提高网络稳定性和可靠性，常采用的措施有虚拟路由冗余协议（Virtual Router Redundancy Protocol，VRRP）、堆叠（把多台交换机虚拟成一台交换机）、多生成树协议（Multiple Spanning Tree Protocol，MSTP）、Smart Link+Monitor Link（由于 Smart Link 只能监控本设备的上行端口，可用 Monitor 扩大监控范围）。

本题中，终端接入认证设备的主要作用是负责内网中的所有终端用户的接入，因此适合部署在网络的核心交换机上。这种部署方式下，内网的所有用户访问该设备路径最短、效率最高、效果最好。

参考答案

（1）VRRP、堆叠、MSTP、Smart Link + Monitor Link。

（2）部署在核心层最合适。理由是：接入层缺少冗余，可靠性低；DMZ 区域安全性较低，访问链路成本高；核心层具有覆盖面广、可靠性和安全性高、配置和管理简单等特点。

试题二

【问题 1】试题解析

综合布线分为 6 个子系统：工作区子系统、水平子系统、垂直子系统、管理间子系统、设备间子系统、建筑群子系统。

工作区子系统是由插座的底板与面板、网络模块或语音模块、跳线组成的子系统。

水平子系统由工作区信息插座模块、水平缆线、配线架组成。

垂直子系统是把建筑物各个楼层管理间的配线架连接到建筑物设备间的配线架，一般由大对数线缆或光纤组成。

管理间子系统又称电信间或者配线间，是专门安装楼层机柜、配线架、交换机的楼层管理间。

设备间子系统就是建筑物的网络中心，由强弱电线缆、配线架、机柜、网络设备、防雷设备等组成。

建筑群子系统也称楼宇子系统，主要实现建筑物与建筑物之间的通信连接。

参考答案

（1）线缆、配线架、信息插座、线槽等

（2）工作区的信息插座到每楼层弱电间的管理子系统

（3）传输介质选择、线缆长度限制、布线方式等

（4）强弱电线缆、配线架、机柜、网络设备、防雷设备等

（5）4层机房

（6）机柜、线缆敷设、环境系统设计、电源设计、消防系统设计等

【问题2】试题解析

AC作为无线控制器，负责AP的集中管理及WLAN用户的无线接入和安全控制。配置AC基本功能完成后，AP才可以与AC互通，从而进行后续的WLAN业务部署。AC的主要配置内容有：

（1）配置AP上线。无线AC需要能够发现并添加网络中的AP。在配置过程中，需要确保AC和AP之间的通信正常，以便AC能够对AP进行有效管理。

（2）配置AP的SSID及密码。SSID是用户连接到无线网络时看到的网络名称，根据实际需求设置合适的SSID和密码，以确保无线网络的安全性。

（3）配置VAP模板。

（4）创建AP组，同时把所有AP加入AP组。

（5）配置无线用户的DHCP。

参考答案

（1）配置AP上线

（2）配置AP的SSID及密码

（3）配置VAP模板

（4）创建AP组，同时把所有AP加入AP组

（5）配置无线用户的DHCP

【问题3】试题解析

本题考查网络的基本认证方式和特点。典型的三种认证方式如下：

Portal认证通常也称为Web认证，一般将Portal认证网站称为门户网站。用户上网时，必须在门户网站进行认证，只有认证通过后才可以使用网络资源。用户可以主动访问已知的Portal认证网站，输入用户名和密码进行认证，这种开始Portal认证的方式称为主动认证。反之，如果用户试图通过HTTP访问其他外网，将被强制访问Portal认证网站，从而开始Portal认证过程，这种方式称为强制认证。

MAC认证是一种基于接口和MAC地址对用户的网络访问权限进行控制的认证方法，它不需要用户安装任何客户端软件。设备在启动了MAC认证的接口上首次检测到用户的MAC地址以后，即启动对该用户的认证操作。认证过程中，不需要用户手动输入用户名或者密码。

802.1x协议是一种基于接口的网络接入控制协议。"基于接口的网络接入控制"是指在局域网接入设备的接口这一级，对所接入的用户设备通过认证来控制对网络资源的访问。IEEE 802委员会为解决无线局域网网络安全问题，提出了802.1x协议。802.1x协议作为局域网接口的一个普通接入控制机制在以太网中被广泛应用，主要解决以太网内认证和安全方面的问题。802.1x系统为典型的Client/Server结构，包括三个实体：客户端、接入设备和认证服务器。

参考答案

（1）MAC 地址认证、Portal 认证、短信认证、802.1x 认证
（2）打印机适用 MAC 地址认证，访客适用 Portal 认证

【问题4】试题解析
AC 需要能够对 AP 的射频参数进行管理，包括信道分配、功率控制等。通过合理的射频管理，可以避免无线干扰，提高网络的稳定性和吞吐量。

参考答案
缺点：缩小 AP 部署间隔，增加 AP 数量的缺点是容易造成信道间干扰。
解决措施：部署定向天线限制信号范围、调整 AP 的点位和功率、优化信道分配。

试题三

【问题1】试题解析　根据题干中"如果无法通过认证，接入交换机可以拦截 PC 业务数据流量"，可以肯定这是一种基于 Portal 的方式，所以选择 A。

参考答案　（1）A

【问题2】试题解析　从题干中的关键字"浏览器访问的 VPN 形式"可以知道，目前只有 SSL VPN 是基于应用层的 VPN 形式，并且可以通过浏览器实现。因此选择 B。

参考答案　（2）B

【问题3】试题解析

第（3）空：通过配置命令及上下文可以知道 BGP（Border Gateway Protocol）后面配置的应是 R1 的自治系统号，结合题干可知 R1 的自治系统号是 AS200，因此这个参数是 200。

第（4）空：根据命令提示可知本命令是导入直连路由，因此这一空填的是 direct。

第（5）空：根据本行下一行的命令提示，可知这里区域是 0.0.0.0。

第（6）空：根据命令本身及其参数，可知它是通过指定对等体的 IP 地址和自治系统号，创建对等体或为指定的对等体组配置 as 号。

第（7）空：设置路由优先级命令格式是 preference 1,2,3；其中 1 是外部路由优先级，值越小优先级越高；2 是内部路由协议优先级，值越小优先级越高；3 是本地路由协议的优先级。在命令 preference 255 100 130 中，显然内部 BGP 协议优先级值最小，对应的优先级最高。

第（8）空：从配置命令看，这是设置一条访问控制列表。用来匹配 10.20.0.0 这个网段发出的数据。

第（9）空：很明显整个题目中只定义了一个 ACL 2000，所以第（9）空要使用这个 acl，那这个编号就只有 2000。

第（10）空：题干要求设定优先级为 200，因此第（10）空只能是 200。

参考答案　（3）200　（4）direct　（5）0.0.0.0
（6）创建对等体或为指定的对等体组配置 as 号
（7）IBGP 优先级高
（8）定义一个编号为 2000 的 ACL，用于匹配 10.20.0.0 这个网段发出的数据
（9）2000　（10）200

试题四

【问题1】试题解析

第（1）空考查的是 MTBF 的基本概念，设备的 MTBF 单位都是以小时为单位，如一个硬盘的平均故障间隔时间为 30 万小时等。

第（2）空，根据这个名字的字面意思理解也知道，这个间隔的时间越长，说明设备的可靠性越高。

第（3）空和第（4）空来自华为的设备配置概念，常见的关键链路冗余有接口备份、接口监控组、VRRP 和双机热备份技术。

其中，将网络侧接口加入接口监控组，通过监控网络侧接口的状态变化，触发相应的接入侧接口状态变化，以此达到接入侧主备链路切换的目的。

在具有组播或广播能力的局域网（如以太网）中使用虚拟路由冗余协议（VRRP），可使设备出现故障时仍能提供缺省链路，也可有效避免单一链路发生故障后出现网络中断的问题。

参考答案 （1）小时　（2）大　（3）接口监控组　（4）VRRP

【问题2】试题解析

这是相对来说最简单的华为设备配置命令，从上下文来看，第（5）空是用户视图进入系统视图，因此是 system-view，选 F。

第（6）空是修改设备名，因此是 sysname，选 A。

第（7）空是设置接口 IP 地址，因此是 ip address，选 E。

第（8）空根据对命令的解释是配置静态路由，因此是 ip route-static，选 G。

第（9）空根据上下文可知是 standby，选 C。

第（10）空根据上下文可知是设置优先级，对应的结果是一个大于 20 的数字，因此只有选 D。

第（11）空根据题干的意思是设置切换延时均为 10s，因此只有选 B。

参考答案 （5）F　（6）A　（7）E　（8）G　（9）C　（10）D　（11）B

网络工程师 机考试卷第4套
基础知识卷

- 彩光网络（WDM）技术的主要作用是___(1)___。
  - (1) A. 提高单根光纤的传输容量　　　　　B. 增加光纤的物理长度
  　　C. 降低光纤的制造成本　　　　　　　D. 减少光纤的信号衰减
- 以下关于闪存（Flash Memory）的叙述中，错误的是___(2)___。
  - (2) A. 以块为单位进行删除操作
  　　B. 断电后信息不会丢失，属于非易失性存储器
  　　C. 采用随机访问方式，常用来代替主存
  　　D. 在嵌入式系统中用来代替ROM存储器
- 下列接口协议中，不属于硬盘接口协议的是___(3)___。
  - (3) A. SATA　　　　B. IDE　　　　C. SPI　　　　D. SCSI
- 当进程所请求的资源得到满足，进程的状态从___(4)___。
  - (4) A. 运行态变为就绪态　　　　　　　B. 就绪态变为运行态
  　　C. 运行态变为阻塞态　　　　　　　D. 阻塞态变为就绪态
- 企业信息化的作用不包括___(5)___。
  - (5) A. 实现规范化的流程管理　　　　　B. 优化企业资源配置
  　　C. 延长产品的开发周期　　　　　　D. 提高生产效率，降低运营成本
- 外包是一种合同协议。外包合同中的关键核心文件是___(6)___。
  - (6) A. 企业管理协议（EMA）　　　　　B. 服务等级协议（SLA）
  　　C. 项目执行协议（PEA）　　　　　D. 技术等级协议（TLA）
- 某电商平台根据用户消费记录分析用户消费偏好，预测未来消费倾向，这是___(7)___技术的典型应用。
  - (7) A. 物联网　　　　B. 云计算　　　　C. 区块链　　　　D. 大数据
- 在软件开发过程中，系统测试阶段的测试目标来自于___(8)___阶段。
  - (8) A. 需求分析　　　B. 详细设计　　　C. 概要设计　　　D. 软件实现
- SOA（面向服务的架构）是一种___(9)___服务架构。
  - (9) A. 细粒度、松耦合　　　　　　　　B. 粗粒度、松耦合
  　　C. 粗粒度、紧耦合　　　　　　　　D. 细粒度、紧耦合
- 我国由___(10)___主管全国软件著作权登记管理工作。
  - (10) A. 国家版权局　　　　　　　　　　B. 国家知识产权局
  　　C. 国家新闻出版署　　　　　　　　D. 地方知识产权局

- 8条模拟信道采用TDM复用成1条数字信道，TDM帧的结构为8字节加1比特同步开销（每条模拟信道占1个字节）。若模拟信号频率范围为10～16kHz，样本率至少为 (11) 样本/s，此时数字信道的数据速率为 (12) Mb/s。

  (11) A. 8k   B. 10k   C. 20k   D. 32k

  (12) A. 0.52   B. 0.65   C. 1.30   D. 2.08

- 在异步传输中，1位起始位，7位数据位，2位停止位，1位校验位，每秒传输200字符，采用曼彻斯特编码，有效数据速率是 (13) kb/s，最大波特率为 (14) Baud。

  (13) A. 1.2   B. 1.4   C. 2.2   D. 2.4

  (14) A. 700   B. 2200   C. 1400   D. 4400

- 光信号在单模光纤中是以 (15) 方式传播。

  (15) A. 渐变反射   B. 直线传播   C. 突变反射   D. 无线收发

- 使用ADSL接入电话网采用的认证协议是 (16) 。

  (16) A. 802.1x   B. PPPoA   C. 802.5   D. PPPoE

- 在如下图所示的网络中，如果PC通过tracert命令获取路由器的IP地址，PC发出封装ICMP消息的IP报文应满足的特征是 (17) 。

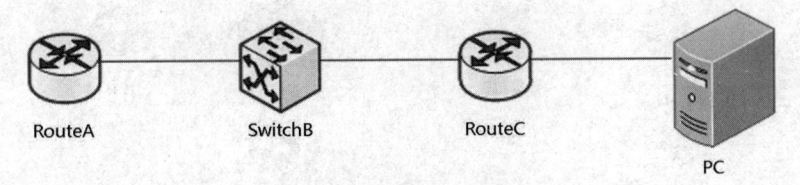

  (17) A. ICMP消息的Type=11，Code=0；IP报文的TTL字段为3

  B. ICMP消息的Type=8，Code=0；IP报文的TTL字段为3

  C. ICMP消息的Type=8，Code=0；IP报文的TTL字段为128

  D. ICMP消息的Type=11，Code=0；IP报文的TTL字段为128

- Modem的主要作用是 (18) 。

  (18) A. 数模转换   B. 路由转发   C. 地址转换   D. 认证

- 在下图所示的双链路热备份无线接入网中，STA通过Portal认证上线，AP当前连接的主AC为AC 1，STA通过AP在AC 1上线，以下关于AC 2的描述中，正确的是 (19) 。

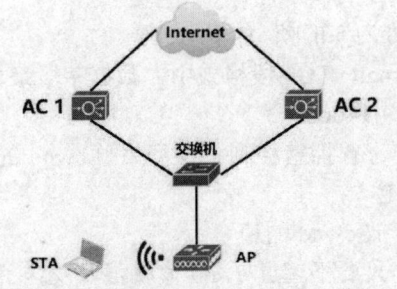

  (19) A. AC 2上有AP的信息，且AP在AC 2的状态为standby

B. AC 2 上有 AP 的信息，且 AP 在 AC 2 的状态为 normal
C. AC 2 上有 STA 的信息，且 STA 的状态为未认证
D. AC 2 上有 STA 的信息，且 STA 的状态为已认证

● 采用 ADSL 接入互联网，计算机需要通过__(20)__和分离器连接到电话入户接线盒。在 HFC 网络中，用户通过__(21)__接入 CATV 网络。

(20) A. ADSL 交换机　　　B. Cable Modem　　　C. ADSL Modem　　　D. 无线路由器
(21) A. ADSL 交换机　　　B. Cable Modem　　　C. ADSL Modem　　　D. 无线路由器

● 某 IP 网络连接如下图所示，下列说法中正确的是__(22)__。

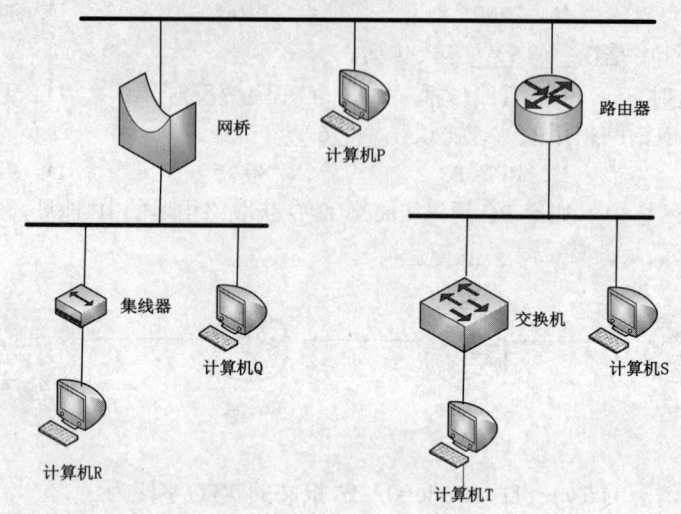

(22) A. 共有 2 个冲突域
B. 共有 2 个广播域
C. 计算机 S 和计算机 T 构成冲突域
D. 计算机 Q 查找计算机 R 的 MAC 地址时，ARP 报文会传播到计算机 S

● 采用 HDLC 协议进行数据传输时，RNR 5 表明__(23)__。

(23) A. 拒绝编号为 5 的帧
B. 下一个接收的帧编号应为 5，但接收器未准备好，暂停接收
C. 选择性拒绝编号为 5 的帧
D. 后退 N 帧重传编号为 5 的帧

● 若主机采用以太网接入 Internet，TCP 段格式中，数据字段最大长度为__(24)__字节。

(24) A. 20　　　　B. 1460　　　　C. 1500　　　　D. 65535

● TCP 采用拥塞窗口（cwnd）进行拥塞控制。以下关于 cwnd 的说法中正确的是__(25)__。

(25) A. cwnd 值由对方指定
B. 首部中的窗口段存放 cwnd 的值
C. 每个段包含的数据只要不超过 cwnd 值就可以发送了
D. cwnd 值存放在本地

- UDP 首部的大小为___(26)___字节。
  (26) A. 8 B. 16 C. 20 D. 32
- 以下关于 IS-IS 路由选择协议的说法中，错误的是___(27)___。
  (27) A. IS-IS 路由协议是一种基于链路状态的 IGP 路由协议
       B. IS-IS 路由协议的地址结构由 IDP 和 DSP 两部分组成
       C. IS-IS 路由协议中的路由器的不同接口可以属于不同的区域
       D. IS-IS 路由协议可将自治系统划分为骨干区域和非骨干区域
- 下列协议中，使用明文传输的是___(28)___。
  (28) A. HTTPS B. Telnet C. SFTP D. SSH
- 在浏览器地址栏输入 ftp://ftp.tsinghua.edu.cn/进行访问时，下列操作中浏览器不会执行的是___(29)___。
  (29) A. 域名解析   B. 发送 FTP 命令
       C. 发送 HTTP 请求报文 D. 建立 TCP 连接
- 使用电子邮件客户端从服务器下载邮件，能实现邮件的移动、删除等操作在客户端和邮箱上更新同步，所使用的电子邮件接收协议是___(30)___。
  (30) A. SMTP B. POP3 C. IMAP4 D. MIME
- 6to4 是一种支持 IPv6 站点通过 IPv4 网络进行通信的技术，下列 IP 地址中___(31)___属于 6to4 地址。
  (31) A. FE90::5EFE:10.40.1.29   B. FE80::5EFE:192.168.31.30
       C. 2002:C000:022A::   D. FF30::2ABC:0212
- 使用___(32)___格式的文件展示视频动画可以提高网页内容的载入速度。
  (32) A. .jpg B. .avi C. .gif D. .rm
- 在 UOS Linux 中，用于查看、配置、启用或禁用网络接口的命令是___(33)___。
  (33) A. ifconfig B. ipconfig C. route D. traceroute
- 在 Windows 命令提示符运行 nslookup 命令，结果如下所示。为 www.softwaretest.com 提供解析的 DNS 服务器 IP 地址是___(34)___。

```
C:\Users\net>nslookup www.softwaretest.com
server:    ns1.softwaretest.com
Address:   192.168.1.254
Non-authoritative answer:
name: www.softwaretest.com
Address:   10.10.1.3
```

  (34) A. 192.168.1.254 B. 10.10.1.3 C. 192.168.1.1 D. 10.10.1.1
- Apache 服务在 UOS 中启动后，日志文件默认存储的位置是___(35)___。
  (35) A. /var/log/nginx/   B. /var/log/apache2/
       C. /etc/apache2/logs/   D. /run/systemd/journal/
- 某网络上 MAC 地址为 00-FF-78-ED-20-DE 的主机，首次向网络上的 DHCP 服务器发送___(36)___报文以请求 IP 地址配置信息，报文的源 MAC 地址和源 IP 地址分别是___(37)___。
  (36) A. DHCPDiscover B. DHCPRequest C. DHCPOffer D. DHCPAck

(37) A. 0:0:0:0:0:0:0:0 0.0.0.0　　　　　　B. 0:0:0:0:0:0:0:0 255.255.255.255
　　　C. 00-FF-78-ED-20-DE 0.0.0.0　　　　D. 00-FF-78-ED-20-DE 255.255.255.255

● 用户在登录 FTP 服务器的过程中,建立 TCP 连接时使用的默认端口号是 (38) 。
　　(38) A. 20　　　　B. 21　　　　C. 22　　　　D. 23

● 用户在 PC 上安装使用邮件客户端,希望同步客户端和服务器上的操作,需使用的协议是 (39) 。
　　(39) A. POP3　　　B. IMAP　　　C. HTTPS　　　D. SMTP

● 在 DNS 的资源记录中,类型 A (40) 。
　　(40) A. 表示 IP 地址到主机名的映射　　　B. 表示主机名到 IP 地址的映射
　　　　　C. 指定授权服务器　　　　　　　　D. 指定区域邮件服务器

● 下列关于防火墙技术的描述中,正确的是 (41) 。
　　(41) A. 防火墙不能支持网络地址转换
　　　　　B. 防火墙通常部署在企业内部网和 Internet 之间
　　　　　C. 防火墙可以查、杀各种病毒
　　　　　D. 防火墙可以过滤垃圾邮件

● 数据包通过防火墙时,不能依据 (42) 进行过滤。
　　(42) A. 源和目的 IP 地址　　B. 源和目的端口　　C. IP 协议号　　D. 负载内容

● 根据国际标准 ITU-T X.509 规定,数字证书的一般格式中会包含认证机构的签名,该数据域的作用是 (43) 。
　　(43) A. 用于标识颁发证书的权威机构 CA
　　　　　B. 用于指示建立和签署证书的 CA 的 X.509 名字
　　　　　C. 用于防止证书的伪造
　　　　　D. 用于传递 CA 的公钥

● 以下关于三重 DES 加密算法的描述中,正确的是 (44) 。
　　(44) A. 三重 DES 加密使用两个不同密钥进行三次加密
　　　　　B. 三重 DES 加密使用三个不同密钥进行三次加密
　　　　　C. 三重 DES 加密的密钥长度是 DES 密钥长度的三倍
　　　　　D. 三重 DES 加密使用一个密钥进行三次加密

● 以下关于 HTTP 和 HTTPS 的描述中,不正确的是 (45) 。
　　(45) A. 部署 HTTPS 需要到 CA 申请证书
　　　　　B. HTTP 信息采用明文传输,HTTPS 则采用 SSL 加密传输
　　　　　C. HTTP 和 HTTPS 使用的默认端口都是 80
　　　　　D. HTTPS 由 SSL+HTTP 构建,可进行加密传输、身份认证,比 HTTP 安全

● SNMP 所采用的传输层协议相同的是 (46) 。
　　(46) A. HTTP　　　B. SMTP　　　C. FTP　　　D. DNS

● 在 Windows 系统中通过 (47) 查看本地 DNS 缓存。
　　(47) A. ipconfig/all　　B. ipconfig/renew　　C. ipconfig/flushdns　　D. ipconfig/displaydns

- Windows 系统中的 SNMP 服务程序包括 SNMP Service 和 SNMP Trap 两个。其中 SNMP Service 接收 SNMP 请求报文，根据要求发送响应报文，而 SNMP Trap 的作用是___(48)___。

  (48) A. 处理本地计算机上的陷入信息

  B. 被管对象检测到差错，发送给管理站

  C. 接收本地或远程 SNMP 代理发送的陷入信息

  D. 处理远程计算机发来的陷入信息

- 缺省状态下，SNMP 协议代理进程使用___(49)___端口向 NMS 发送告警信息。

  (49) A. 161　　　　　B. 162　　　　　C. 163　　　　　D. 164

- Windows 中标准的 SNMP Service 和 SNMP Trap 分别使用的默认 UDP 端口是___(50)___。

  (50) A. 25 和 26　　B. 160 和 161　　C. 161 和 162　　D. 161 和 160

- 公司为服务器分配了 IP 地址段 121.21.35.192/28，下面的 IP 地址中，不能作为 Web 服务器地址的是___(51)___。

  (51) A. 121.21.35.204　　　　　　　　B. 121.21.35.205

  C. 121.21.35.206　　　　　　　　D. 121.21.35.207

- 使用 CIDR 技术将下列 4 个 C 类地址：202.145.27.0/24、202.145.29.0/24、202.145.31.0/24 和 202.145.33.0/24 汇总为一个超网地址，其地址为___(52)___，下列___(53)___不属于该地址段，汇聚之后的地址空间是原来地址空间的___(54)___倍。

  (52) A. 202.145.27.0/20　　　　　　　B. 202.145.0.0/20

  C. 202.145.0.0/18　　　　　　　　D. 202.145.32.0/19

  (53) A. 202.145.20.258　　　　　　　B. 202.145.35.177

  C. 202.145.60.210　　　　　　　　D. 202.145.64.1

  (54) A. 2　　　　　B. 4　　　　　C. 8　　　　　D. 16

- 某学校网络分为家属区和办公区，网管员将 192.168.16.0/24、192.168.18.0/24 两个 IP 地址段汇聚为 192.168.16.0/22，用于家属区 IP 地址段，下面的 IP 地址中可用作办公区 IP 地址的是___(55)___。

  (55) A. 192.168.19.254/22　　　　　　B. 192.168.17.220/22

  C. 192.168.17.255/22　　　　　　D. 192.168.20.11/22

- 交换设备上配置 STP 的基本功能包括___(56)___。

  ①设备的生成树工作模式配置成 STP　　②配置根桥和备份根桥设备

  ③配置端口的路径开销值，实现将该端口阻塞　　④使能 STP，实现环路消除

  (56) A. ①③④　　B. ①②③　　C. ①②③④　　D. ①②

- OSPF 协议相对于 RIP 的优势在于___(57)___。

  ①没有跳数的限制　②支持可变长子网掩码（VLSM）　③支持网络规模大　④收敛速度快

  (57) A. ①③④　　B. ①②③　　C. ①②③④　　D. ①②

- GVRP 是跨交换机进行 VLAN 动态注册和删除的协议，关于 GVRP 的描述不准确的是___(58)___。

  (58) A. GVRP 是 GARP 的一种应用，由 IEEE 制定

  B. 交换机之间的协议报文交互必须在 VLAN Trunk 链路上进行

C. GVRP 协议所支持的 VLAN ID 范围为 1~1001
D. GVRP 配置时需要在每一台交换机上建立 VLAN

● 以下关于 VLAN 的描述中，不正确的是　(59)　。

(59) A. VLAN 的主要作用是隔离广播域　　　B. 不同 VLAN 间须跨三层互通
　　　C. VLAN ID 可以使用的范围为 1~4095　D. VLAN 1 不用创建且不能删除

● 下列命令片段的含义是　(60)　。

```
<huawei>system-view
[huawei]vlan 10
[Huawei-vlan10]name huawei
[Huawei-vlan10]quit
```

(60) A. 创建了两个 VLAN　　　　　　　　B. 恢复接口上 VLAN 缺省配置
　　　C. 配置 VLAN 的名称　　　　　　　　D. 恢复当前 VLAN 名称的缺省值

●　(61)　的含义是一台交换机上的 VLAN 配置信息可以传播、复制到网络中相连的其他交换机上。

(61) A. 中继端口　　　　　　　　　　　　B. VLAN 中继
　　　C. VLAN 透传　　　　　　　　　　　D. Super VLAN

● 以下关于 BGP 的说法中，正确的是　(62)　。

(62) A. BGP 是一种链路状态协议　　　　　B. BGP 通过 UDP 发布路由信息
　　　C. BGP 依据延迟来计算网络代价　　　D. BGP 能够检测路由循环

● 快速以太网 100BASE-T4 采用的传输介质为　(63)　。

(63) A. 3 类 UTP　　B. 5 类 UTP　　C. 光纤　　D. 同轴电缆

● 在 100BASE-T 以太网中，若争用时间片为 25.6μs，某站点在发送帧时已经连续 3 次冲突，则基于二进制指数回退算法，该站点需等待的最短和最长时间分别是　(64)　。

(64) A. 0μs 和 179.2μs　　　　　　　　　　B. 0μs 和 819.2μs
　　　C. 25.6μs 和 179.2μs　　　　　　　　D. 25.6μs 和 819.2μs

● 定级备案为等级保护第三级的信息系统，应当每　(65)　对系统进行一次等级测评。

(65) A. 半年　　B. 一年　　C. 两年　　D. 三年

● 下列 IEEE 802.11 系列标准中，WLAN 的传输速率达到 300Mb/s 的是　(66)　。

(66) A. 802.11a　　B. 802.11b　　C. 802.11g　　D. 802.11n

● 某单位计划购置容量需求为 60TB 的存储设备，配置一个 RAID 组，采用 RAID5 冗余，并配置一块全局热备盘，至少需要　(67)　块单块容量为 4TB 的磁盘。

(67) A. 15　　B. 16　　C. 17　　D. 18

● 网络规划中，冗余设计不能　(68)　。

(68) A. 提高链路可靠性　　　　　　　　　B. 增强负载能力
　　　C. 提高数据安全性　　　　　　　　　D. 加快路由收敛

●《中华人民共和国数据安全法》由中华人民共和国第十三届全国人民代表大会常务委员会第二十九次会议审议通过，自　(69)　年 9 月 1 日起施行。

(69) A. 2019　　B. 2020　　C. 2021　　D. 2022

- 进行项目风险评估最关键的时间点是__(70)__。
  (70) A．计划阶段　　　B．计划发布后　　C．设计阶段　　D．项目出现问题时
- An Intrusion __(71)__ System (IDS) is a system that monitors network traffic for suspicious activity and alerts when such activity is discovered. While __(72)__ detection and reporting are the primary functions of an IDS, some IDSs are also capable of taking actions when __(73)__ activity or anomalous traffic is detected, including __(74)__ traffic sent from suspicious Internet Protocol (IP) addresses, any malicious venture or violation is normally reported either to administrator or collected centrally using a __(75)__ information and event management (SIEM) system. A SIEM system integrates outputs from multiple sources and uses alarm filtering techniques to differentiate malicious activity from false alarms.

  (71) A．Detection　　　B．Defending　　C．Definition　　D．Description
  (72) A．connection　　B．anomaly　　　C．action　　　　D．error
  (73) A．normal　　　　B．frequent　　　C．malicious　　　D．known
  (74) A．receiving　　　B．blocking　　　C．replying　　　D．storing
  (75) A．status　　　　B．service　　　C．security　　　D．section

网络工程师 机考试卷第 4 套
应用技术卷

试题一（共 20 分）

阅读以下说明，回答【问题 1】至【问题 4】，将解答填入答题纸对应的解答栏内。

【说明】某分支机构网络拓扑如图 1-1 所示，该网络通过 BGP 接收总部网络路由，设备 1 与设备 2 作为该网络的网关设备，运行 VRRP（虚拟网络冗余协议），出口设备运行 OSPF。

该网络规划两个网段 10.11.229.0/24 和 10.11.230.0/24，其中 10.11.229.0 网段只能访问总部网络，10.11.230.0 网段只能访问互联网。

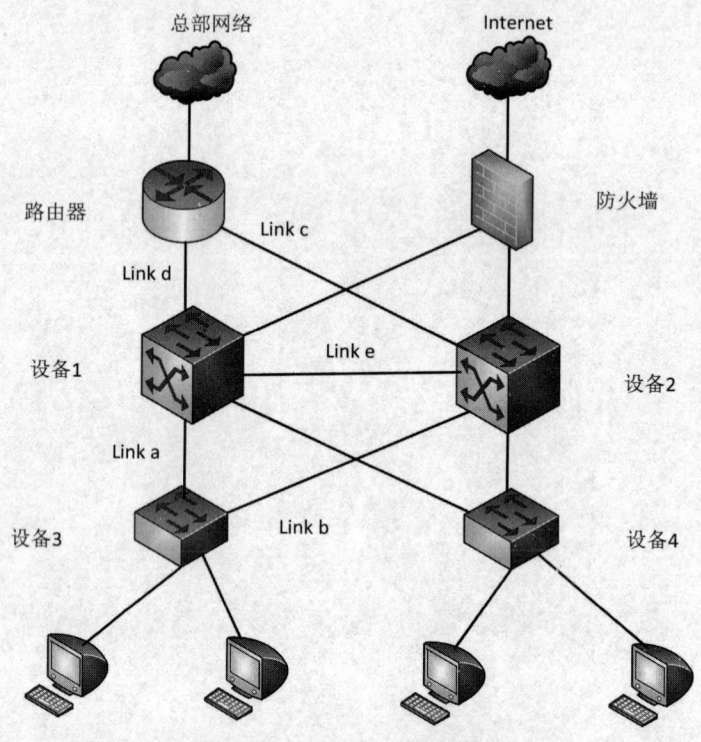

图 1-1 某分支机构网络拓扑

【问题 1】（4 分）

分支机构有营销部、市场部、生产部、人事部四个部门，每个部门需要访问互联网的主机数量及 IP 地址规划见表 1-1。现计划对网段 10.11.230.0/24 进行子网划分，为以上四个部门规划 IP 地址，请补充表 1-1 中的空（1）～（4）。

表 1-1 部门 IP 地址规划表

部门	主机数量	网络号	子网掩码
营销部	110	(1)	255.255.255.128
市场部	50	10.11.230.128	(2)
生产部	25	(3)	255.255.255.224
人事部	10	10.11.230.208	(4)

【问题 2】（8 分）

在该网络中为避免环路，应该在交换机上配置　(5)　，生成 BGP 路由有 network 与 import 两种方式，以下描述正确的是　(6)　、　(7)　、　(8)　。

(6)～(8) 备选答案：

A．Network 方式逐条精确匹配路由　　　B．Network 方式优先级高
C．Import 方式按协议类型引入路由　　　D．Import 方式逐条精确匹配路由
E．Network 方式按协议类型引入路由　　　F．Import 方式优先级高

【问题 3】（4 分）

若设备 1 处于活动状态（Master），设备 2 的状态在哪条链路出现故障时会发生改变？请说明状态改变的原因。

【问题 4】（4 分）

如果路由器与总部网络的线路中断，在保证数据安全的前提下，分支机构可以在客户端采用什么方式访问总部网络？在防火墙上采用什么方式访问总部网络？

试题二（共 20 分）

阅读以下说明，回答【问题 1】至【问题 4】，将解答填入答题纸的对应栏内。

【说明】某 IPv6 网络拓扑如图 2-1 所示，DHCPv6 客户端所在网段为 2001:db8:1::/64，DHCPv6 服务器所在的网段为 2001:db8:2::/64。

【问题 1】（6 分）

IPv6 地址动态分配的方式有哪几种？

【问题 2】（7 分）

根据题干中的网络拓扑，采用配置 DHCPv6 服务器以无状态方式分配 IPv6 地址，有状态方式分配网络参数，完善下面的配置片段。

\<HUAWEI\> system-view
[HUAWEI] （1） DeviceA
[DeviceA] vlan 10
[DeviceA-vlan10] quit
[DeviceA] interface gigabitethernet0/1/1

```
[DeviceA-gigabitethernet0/1/1] portswitch
[DeviceA-gigabitethernet0/1/1] port link-type access
[DeviceA-gigabitethernet0/1/1] port default vlan ___（2）___
[DeviceA-gigabitethernet0/1/1] quit
[DeviceA] interface vlanif 10
[DeviceA-Vlanif10] ipv6 enable
[DeviceA-Vlanif10] ipv6 address ___（3）___
[DeviceA-Vlanif10] quit
[DeviceA] dhcpv6 pool pool1
[DeviceA-dhcpv6-pool-pool1] dns-server ___（4）___
[DeviceA-dhcpv6-pool-pool1] dns-domain-name 51cto.com
[DeviceA-dhcpv6-pool-pool1] quit
```

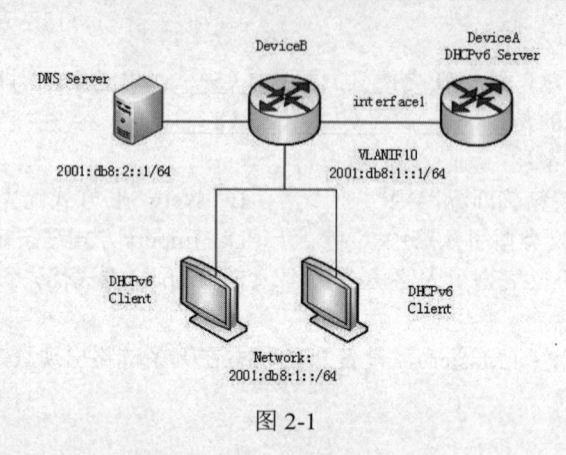

图 2-1

在 DeviceA 的 VLANIF 接口下配置 DHCPv6 服务器功能。

```
[DeviceA] interface vlanif 10
[DeviceA-Vlanif10] ___（5）___
[DeviceA-Vlanif10] undo ipv6 nd ra halt // ___（6）___        #此处解释命令作用
[DeviceA-Vlanif10] ipv6 nd autoconfig ___（7）___
[DeviceA-Vlanif10] quit
```

【问题 3】（2 分）

在 DHCPv6 中，M（Managed）和 O（Other Configuration）标志位用于指示客户端如何获取网络配置信息，上题的配置中，M 和 O 的值分别是多少？M 和 O 标志位由什么消息发送？

【问题 4】（5 分）

简要回答 M 和 O 标准位的作用和取值意义。

试题三（共 20 分）

阅读以下说明，回答【问题 1】至【问题 4】，将解答填入答题纸的对应栏内。

【说明】图 3-1 为某大学的校园网络拓扑，其中出口路由器 R4 连接了三个 ISP 网络，分别是电信网络（网关地址 218.63.0.1/28）、联通网络（网关地址 221.137.0.1/28）以及教育网（网关地址 210.25.0.1/28）。路由器 R1、R2、R3、R4 在内网一侧运行 RIPv2 协议实现动态路由的生成。

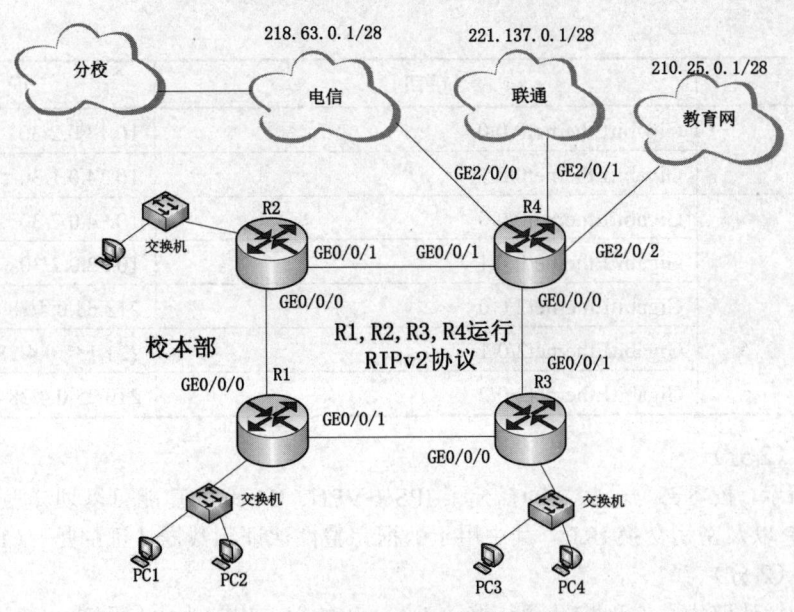

图 3-1　某大学的校园网络拓扑

PC 机的地址信息见表 3-1，路由器部分接口地址信息见表 3-2。

表 3-1　PC 机的地址信息

主机	所属 Vlan	IP 地址	网关
PC1	Vlan10	10.10.0.2/24	10.10.0.1/24
PC2	Vlan8	10.8.0.2/24	10.8.0.1/24
PC3	Vlan3	10.3.0.2/24	10.3.0.1/24
PC4	Vlan4	10.4.0.2/24	10.4.0.1/24

表 3-2　路由器部分接口地址信息

路由器	接口	IP 地址
R1	Vlanif8	10.8.0.1/24
	Vlanif10	10.10.0.1/24
	GigabitEthernet0/0/0	10.21.0.1/30
	GigabitEthernet0/0/1	10.13.0.1/30
R2	GigabitEthernet0/0/0	10.21.0.2/30
	GigabitEthernet0/0/1	10.42.0.1/30
R3	Vlanif3	10.3.0.1/24
	Vlanif4	10.4.0.1/24

续表

路由器	接口	IP 地址
R3	GigabitEthernet0/0/0	10.13.0.2/30
	GigabitEthernet0/0/1	10.34.0.1/30
R4	GigabitEthernet0/0/0	10.34.0.2/30
	GigabitEthernet0/0/1	10.42.0.2/30
	GigabitEthernet2/0/0	218.63.0.4/28
	GigabitEthernet2/0/1	221.137.0.4/28
	GigabitEthernet2/0/2	210.25.0.4/28

【问题1】(2分)

如图 3-1 所示，校本部与分校之间搭建了 IPSec VPN。IPSec 的功能可以划分为认证头 AH、封装安全负荷 ESP 以及密钥交换 IKE。其中用于数据完整性认证和数据认证的是___(1)___。

【问题2】(2分)

为 R4 添加默认路由，实现校园网络接入 Internet 的默认出口为电信网络，请将下列命令补充完整：

[R4]ip route-static ___(2)___

【问题3】(5分)

在路由器 R1 上配置 RIP 协议，请将下列命令补充完整：

[R1] ___(3)___
[R1-rip-1]network ___(4)___
[R1-rip-1]version 2
[R1-rip-1]undo summary

各路由器上均完成了 RIP 协议的配置，在路由器 R1 上执行 display ip routing-table，由 RIP 生成的路由信息如下所示：

Destination/Mask	Proto	pre	cost	Flags	NextHop	Interface
10.3.0.0/24	RIP	100	1	D	10.13.0.2	GigabitEthernet0/0/1
10.4.0.0/24	RIP	100	1	D	10.13.0.2	GigabitEthernet0/0/1
10.34.0.0/30	RIP	100	1	D	10.13.0.2	GigabitEthernet0/0/1
10.42.0.0/24	RIP	100	1	D	10.21.0.2	GigabitEthernet0/0/0

根据以上路由信息可知，下列 RIP 路由是由___(5)___路由器通告的：

| 10.3.0.0/24 | RIP | 100 | 1 | D | 10.13.0.2 | GigabitEthernet0/0/1 |
| 10.4.0.0/24 | RIP | 100 | 1 | D | 10.13.0.2 | GigabitEthernet0/0/1 |

请问 PC1 此时是否可以访问电信网络？为什么？

答：___(6)___。

【问题4】(11分)

图 3-1 中，要求 PC1 访问 Internet 时导向联通网络，禁止 PC3 在工作日 8:00 至 18:00 访问电信

网络。请在下列配置步骤中补全相关命令。

第1步：在路由器 R4 上创建所需 ACL。

创建用于 PC1 策略的 ACL：

[R4]acl 2000
[R4-acl-basic-2000]rule 1 permit source ___（7）___
[R4-acl-basic-2000]quit

创建用于 PC3 策略的 ACL：

[R4]time-range satime ___（8）___ working-day
[R4]acl 3001
[R4-acl-adv-3001]rule deny source ___（9）___ destination 218.63.0.0 240.255.255.255 time-range satime

第2步：执行如下命令的作用是___（10）___。

[R4]traffic classifier 1
[R4-classifier-1]if-match acl 2000
[R4-classifier-1]quit
[R4]traffic classifier 3
[R4-classifier-3]if-match acl 3001
[R4-classifier-3]quit

第3步：在路由器 R4 上创建流行为并配置重定向。

[R4]traffic behavior 1
[R4-behavior-1]redirect ___（11）___ 221.137.0.1
[R4-behavior-1]quit
[R4]traffic behavior 3
[R4-behavior-3] ___（12）___
[R4-behavior-3]quit

第4步：创建流策略，并在接口上应用（仅列出了 R4 上 GigabitEthernet0/0/0 接口上的配置）。

[R4]traffic policy 1
[R4-trafficpolicy-1]classifier 1 ___（13）___
[R4-trafficpolicy-1]classifier 3 ___（14）___
[R4-trafficpolicy-1]quit
[R4]interface GigabitEthernet0/0/0
[R4-GigabitEthernet0/0/0]traffic-policy 1 ___（15）___
[R4-GigabitEthernet0/0/0]quit

试题四（共 15 分）

阅读以下说明，回答【问题1】至【问题2】，将解答填入答题纸对应的解答栏内。

【说明】某公司办公网络拓扑结构如图 4-1 所示，其中，在交换机 Switch A 上启用 DHCP 为客户端分配 IP 地址。公司内部网络采用基于子网的 VLAN 划分。

【问题1】（5分）

公司业务特点是，大部分工作人员无固定工位，故公司内部网络采用基于子网划分 VLAN，并采用 DHCP 策略 VLAN 功能为客户端分配 IP 地址。请根据以上描述，填写下面的空白。

DHCP 策略 VLAN 功能可实现新加入网络的主机与 DHCP 服务器之间 DHCP 报文的互通，使新加入网络的主机通过 DHCP 服务器获得合法 IP 地址及网络配置等参数。

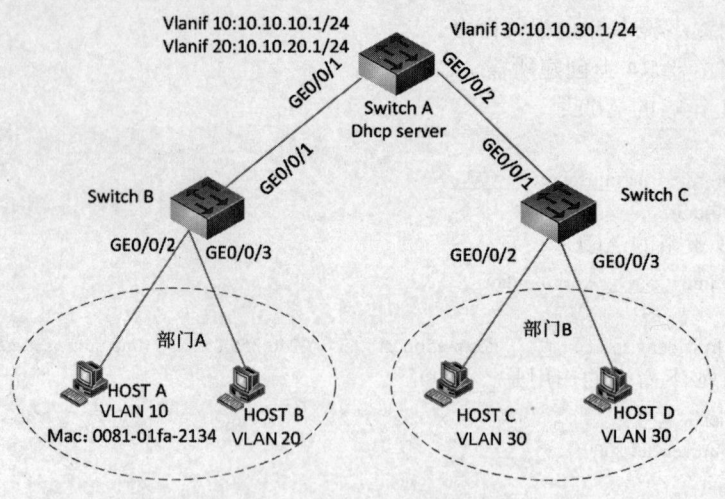

图 4-1 某公司办公网络拓扑

在基于子网划分 VLAN 的网络中,如果设备收到的是 Untagged 帧,设备将根据报文中的 (1) ,确定用户主机添加的 VLAN ID。新加入网络的主机在申请到合法的 IP 地址前采用源 IP 地址 (2) 进行临时通信,此时,该主机无法加入任何 VLAN,设备会为该报文打上接口的缺省 VLAN ID (3) 。由于接口的缺省 VLAN ID 与 DHCP 服务器所在 VLAN ID 不同,因此主机不会得到 IP 地址及网络配置等参数配置信息。DHCP 策略 VLAN 功能可使设备修改收到的 DHCP 报文的 (4) VLAN Tag,将 VLAN ID 设置为 (5) 所在 VLAN ID,从而实现新加入网络的主机与 DHCP 服务器之间 DHCP 报文的互通,获得合法的 IP 地址及网络配置参数。该主机发送的报文可以通过基于子网划分 VLAN 的方式加入对应的 VLAN。

(1)~(5)备选答案:

A. 255.255.255.255   B. 内层   C. 外层   D. 源 IP 地址
E. DHCP 服务器   F. 1   G. 0.0.0.0   H. 源 MAC 地址
I. 1023

【问题 2】(10 分)

根据业务要求,在部门 A 中,新加入的 MAC 地址为 0081-01fa-2134,主机 HOST A 需要加入 VLAN 10 并获取相应 IP 地址配置,连接在交换机 Switch B 的 GE0/0/3 接口上的主机需加入 VLAN 20 并获取相应 IP 地址配置。部门 B 中的所有主机应加入 VLAN 30 并获取相应 IP 地址配置。

请根据以上要求,将下列配置代码的空白部分补充完整。

1. 在 Switch A 上配置 VLAN 30 的接口地址池功能。

```
#在 Switch A 上创建 VLAN,并配置 VLANIF 接口的 IP 地址。
<HUAWEI>system-view
[HUAWE] sysname SwitchA
[SwitchA]  (6)   enable
[SwitchA] vlan batch 10 20 30
[SwitchA] interface vlanif 30
[SwitchA-Vlanif30] ip address   (7)   24
```

[SwitchA-Vlanif30] quit
[SwitchA] interface vlanif 30
[SwitchA-Vlanif30] dhcp select ___(8)___   //使能 VLANIF 接口地址池
[SwitchA-Vlanif30] quit
[SwitchA] interface gigabitethernet 0/0/2   //配置接口加入相应 VLAN
[SwitchA-GigabitEthernet0/0/2] port link-type ___(9)___
[SwitchA-GigabitEthernet0/0/2] port trunk allow pass vlan 30
[SwitchA-GigabitEthernet0/0/2] quit
//VLAN 10 和 VLAN 20 的配置略

2. 在 Switch C 上与主机 Host C 和 Host D 相连的接口 GE0/0/2 配置基于子网划分 VLAN 功能，并配置接口为 Hybrid Untagged 类型。

```
<HUAWEI>system-view
[HUAWEI]sysname SwitchC
[SwitchC]dhcp enable
[SwitchC]vlan batch 30
[SwitchC]interface ___(10)___
[SwitchC-GigabitEthernet0/0/1] port link-type trunk
[SwitchC-GigabitEthernet0/0/1] port trunk allow pass vlan 30
[SwitchC-GigabitEthernet0/0/1] quit
[SwitchC] inerface gigabitethernet 0/0/2
[SwitchC-GigabitEthernet0/0/2] ___(11)___  enable
[SwitchC-GigabitEthernet0/0/2]port ___(12)___ untagged vlan30
[SwitchC-GigabitEthernet0/0/2]
//SwitchB 基于子网划分 VLAN 配置略
```

3. 在 Switch B 上分别配置基于 MAC 地址和基于 DHCP 策略的 VLAN 功能。

```
[SwitchB]vlan 10
[SwitchB vlan 10]ip-subnet-vlan ip 10.10.10.1 24
[SwitchB vlan 10]dhcp policy-vlan ___(13)___
[SwitchB vlan 10]quit
[SwitchB]vlan 20
[SwitchB-vlan 20]ip-subnet-vlan ip 10.10.20.1.24
[SwitchB-vlan 20]dhcp policy-vlan ___(14)___ gigabitethernet0/0/3
[SwitchB-vlan 20]quit
```

4. 在 Switch C 上配置普通的 DHCP 策略 VLAN 功能。

```
[SwitchC]vlan 30
[SwitchC-vlan 30]ip-subnet-vlan ip 10.10.30.1.24
[SwitchC-vlan 30]dhcp policy-vlan___(15)___
[SwitchC-vlan 30]quit
```

（6）～（15）备选答案：

A．port   B．dhcp   C．interface   D．mac-address
E．ip-subnet-vlan   F．generic   G．10.10.30.1   H．hybrid
I．trunk   J．gigabitethernet0/0/1

网络工程师 机考试卷第 4 套
基础知识卷参考答案及解析

（1）**参考答案**：A

试题解析 彩光网络（Wavelength Division Multiplexing，WDM）技术通过在一根光纤中同时传输多个不同波长的光信号，显著提高了单根光纤的传输容量。

（2）**参考答案**：C

试题解析 闪存是一种非易失性存储器，即断电后数据也不会丢失，它通常以块为单位擦除数据并进行字节级别的重写数据。而主存（内存）一般使用随机存取存储器（Random Access Memory，RAM），断电后会丢失数据，但是其读写速度相对比较快。由于 Flash 的写入次数有限制，并且读写的速度相对 RAM 更慢，所以并<u>不适合作为主存</u>。目前用 Flash Memory 替代只读存储器（Read-Only Memory，ROM）是可行的，并且已经在很多领域中作为 ROM 的替代品在使用。

（3）**参考答案**：C

试题解析 串行外设接口（Serial Peripheral Interface，SPI）一般用于单片机与各种外围设备以串行方式进行通信。

（4）**参考答案**：D

试题解析 当资源得不到满足时，进程处于阻塞态；资源得到满足后，进程由阻塞态转入就绪态，在就绪态排队等待 CPU。

（5）**参考答案**：C

试题解析 企业信息化的作用在于优化企业资源配置、实现高效规范的管理和生产，以达到降低成本、提高利润的目的。C 选项表述与企业信息化作用明显相违背。

（6）**参考答案**：B

试题解析 本题为软考经典考题。外包合同中关键核心文件是<u>服务等级协议</u>（Service Level Agreement，SLA）。

（7）**参考答案**：D

试题解析 电商平台根据大量的用户消费记录对用户的消费偏好进行分析，进而预测用户未来的消费倾向，这是一种典型的大数据技术的应用。每年的考试中会结合当前 IT 领域一些新的概念进行考核，主要是基于物联网、云计算、大数据技术、5G、SDN、区块链等概念。

（8）**参考答案**：A

试题解析 系统测试阶段的测试目标主要来自于需求分析阶段所对应的需求。

（9）**参考答案**：B

试题解析 面向服务架构（Service Oriented Architecture，SOA）是一个组件模型，它将应

用程序按照不同功能拆分成不同的单元（服务）。SOA 的主要特点有：①服务之间通过接口进行通信，不涉及复杂的底层编程和通信；②粗粒度——粗粒度服务接口的优点是使用者和服务层之间进行一次调用即可；③松耦合——SOA 架构中的不同服务之间保持一种相对独立、无依赖的关系。

（10）参考答案：A

试题解析　国家版权局负责主管全国软件著作权登记管理工作。

（11）（12）参考答案：D　D

试题解析　本题考查采样定理的基础概念，采样率为 32k/s。因此每个采样周期为 1/32k=31.25μs。因为 8 条模拟信道中的每个信道占 1 个字节，一个帧中一共有 8 个字节加 1bit 同步开销，因此一共有 8×8+1=65bit。此时的数据速率=(8×8+1)/31.25μs=2.08Mb/s。

（13）（14）参考答案：B　D

试题解析　有效数据速率=数据速率×效率=200×11b/s×(7/11)=1400b/s=1.4kb/s。而实际数据速率=200×11b/s=2200b/s。由于曼彻斯特编码的 N=2，根据实际数据速率=波特率×$\log_2(N)$这个公式，代入相关数据可以解得：波特率=实际数据速率/$\log_2(N)$=2200Baud。但是实际上曼彻斯特编码的编码效率只有 50%，也就是传输一个 bit，实际上是可以实现 2bit 的传输能力，因此最大波特率应该为上述计算波特率的 2 倍，因此最大波特率为 2200×2=4400Baud。

（15）参考答案：C

试题解析　这道题超出考试大纲的要求，多模光纤多为渐变型光纤，光纤中的光信号使用的就是渐变反射，单模光纤一般采用阶跃型光纤，对应的是突变反射。

（16）参考答案：D

试题解析　非对称数字用户线路（Asymmetric Digital Subscriber Line，ADSL，指上行与下行的数据速率不对称）中所使用的认证协议是基于 PPPoE（Point-to-Point Protocol over Ethernet）实现的。

（17）参考答案：B

试题解析　tracert 是 Trace Route 功能的缩写，是 Windows 操作系统下的路由跟踪命令。PC 方要获取路由器的 IP 地址，因此发送的 ICMP 报文应是"回显请求"报文，即 Type 字段应设为 8，Code 字段应设为 0；由题目给出的拓扑图可知，TTL=3 时请求包即可到达最远路由器。

（18）参考答案：A

试题解析　Modem 即调制解调器，主要作用是进行调制和解调，也就是进行信号的数模转换。

（19）参考答案：A

试题解析　配置主备之后，AC 1 在没有出现问题的情况下，AC 2 上能查看到 AP 的状态信息为 standby。当重启 AC 1 后（或 AC 1 故障时）AP 与 AC 1 链路中断，AC 1 切换为 AC 2，AC 2 中 AP 状态由 standby 变为 normal。采用 portal 认证方式时，往往采用单独的 portal 服务器，此时在 AC 上是没有用户的认证信息的。

（20）（21）参考答案：C　B

试题解析　ADSL 网络中，必须由 ADSL Modem 实现通信。HFC 网络中必须由 Cable Modem 实现信号的转换。

（22）参考答案：B

试题解析 IP 网络连接图中存在交换机和网桥，由于交换机或者网桥的每个端口都是一个冲突域，因此图中有 4 个冲突域。而只有一台路由器有两个接口，每个接口都是一个广播域，故一共有 2 个广播域。计算机 S 和计算机 T 分别在不同的冲突域。计算机 Q 的广播报文不能穿透路由器。

（23）**参考答案**：B

试题解析 接收器未就绪 RNR 型 S 帧有两个主要功能：
1）这两种类型的 S 帧用来表示从站已准备好或未准备好接收信息。
2）确认所有接收到的编号小于 N（R）的 I 帧。

（24）**参考答案**：B

试题解析 由于是以太网接入，以太网的默认 MTU=1500 字节，因此 TCP 数据部分需要减去最小 TCP 首部 20 字节和最小 IP 首部 20 字节，1500-20-20=1460 字节。

（25）**参考答案**：D

试题解析 TCP 首部中存放的是"窗口大小"字段，作用是作为接收方让发送方设置其发送窗口的依据，也就是发送窗口大小，而非 cwnd 的大小；每个段包含的数据发送窗口大小需要满足=min[接收窗口，拥塞窗口]；cwnd 的值是状态变量，取决于网络的拥塞状况；cwnd 由发送方来维护，所以是存放在本地。

（26）**参考答案**：A

试题解析 UDP 首部进行了大量简化，只有 8 个字节。如下图所示。

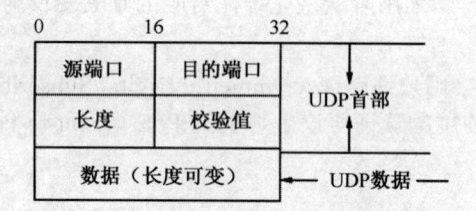

0	16	32
源端口	目的端口	↑ UDP首部
长度	校验值	↓
数据（长度可变）		← UDP数据

（27）**参考答案**：C

试题解析 中间系统到中间系统（Intermediate System to Intermediate System，IS-IS）属于内部网关协议（Interior Gateway Protocol，IGP），用于自治系统内部。为了支持大规模的路由，IS-IS 在自治系统内采用骨干区域与非骨干区域两级的分层结构。一般来说，将 Level-1 路由器部署在非骨干区域，Level-2 路由器和 Level-1-2 路由器（即同属 Level1 和 Level2 的路由器）部署在骨干区域。每一个非骨干区域都通过 Level-1-2 路由器与骨干区域相连。可见，不管是对于 Level-1、Level-2 还是 Level-1-2 的路由器的接口来说，<u>它们都属于同一区域，但可能属不同的级别</u>。

（28）**参考答案**：B

试题解析 Telnet 是一种远程登录协议，采用明文传送信息，因此是一种不安全的协议，为了提高安全性，目前常用的是安全外壳协议（Secure Shell，SSH）。SFTP（Secure File Transfer Protocol）即安全 FTP 协议，它通过由 SSH 提供的安全数据通道远程传送文件。超文本传输协议（Hyper Text Transfer Protocol Secure，HTTPS）是以建立在安全套接层之上的以安全为目标的 HTTP 通道。

（29）**参考答案**：C

试题解析 在浏览器地址栏输入 ftp://ftp.tsinghua.edu.cn/进行访问时，首先要解析目标地址的 IP 地址，需要进行域名解析；接下来使用 FTP 协议进行文件传输时，需要首先建立 TCP 连接；但是在整个过程中，不会发送 HTTP 请求。

（30）**参考答案**：C

🔑**试题解析**　能实现邮件的移动、删除等操作在客户端和邮箱上更新同步，则表明是在线操作邮箱，也就是使用在线接收邮件协议 IMAP4；而 POP3 是离线处理，进行删除、移动操作时，处理从服务器中下载下来的在本地的邮件。

（31）**参考答案**：C

🔑**试题解析**　本题考查考生对 IPv6 地址形式的掌握，6to4 地址的基本构成包含两个部分，分别是网络前缀和嵌入的 IPv4 地址。6to4 地址通常写成 2002::/16，表示以 2002 开头的 IPv6 地址都是 6to4 的地址。网络前缀之后紧跟的是 IPv4 地址的十六进制表示。如一个**完整的 6to4 地址**格式为 2002:IPv4 地址:子网 ID::接口 ID。其中，IPv4 地址是以十六进制形式表示，子网 ID 和接口 ID 则根据需要进行配置，但子网 ID 和接口 ID 的总长度通常为 48 位，以满足 IPv6 地址的总长度为 128 位。本题中只有选项 C 是 2002 开头的地址，因此选 C。

（32）**参考答案**：C

🔑**试题解析**　.gif 是动图格式，文件大小相对较小，适合在网页中快速载入。而选项 A 是静态图像格式，不支持展示视频动画。选项 B 和 D 都是视频格式，但是文件比较大，在网页中载入速度较慢。

（33）**参考答案**：A

🔑**试题解析**　ifconfig 是用于查看和配置网络接口的传统命令，但在较新的 Linux 发行版中，ip 命令逐渐取代了它的功能。UOS 仍然支持 ifconfig。

（34）**参考答案**：A

🔑**试题解析**　提供解析的 DNS 就是其中的 server 对应的地址 192.168.1.254。

（35）**参考答案**：B

🔑**试题解析**　Apache 在 UOS 系统中的日志目录默认是/var/log/apache2/，Nginx 的默认日志目录是/var/log/nginx/。选项 C 是错误路径，选项 D 是系统日志目录。

（36）（37）**参考答案**：A　C

🔑**试题解析**　（36）、（37）题考查的是 DHCP 协议工作过程中各种报文的基本作用，DHCP 客户端首先向网络中发送 DHCPDiscover 报文，用于发现服务器。由于 DHCPDiscover 报文是广播报文，其源 MAC 地址是主机的 MAC 地址。因为此时主机还没有可用的 IP 地址，故源 IP 地址只能是 0.0.0.0。

（38）**参考答案**：B

🔑**试题解析**　FTP 是典型的双连接协议，命令连接使用的是 TCP 的 21 号端口。

（39）**参考答案**：A

🔑**试题解析**　Internet 邮件访问协议（Internet Message Access Protocol，IMAP）目前的版本为 IMAP4，是 POP3 的一种替代协议，也是一种在线协议。用户可以完全不必下载邮件正文就可以看到邮件的标题和摘要，使用邮件客户端软件就可以对服务器上的邮件和文件夹目录等进行操作。而 POP3 是一种离线协议，当需要查收邮件时，必须连接上服务器，将服务器上的新邮件下载到本地，实现本地客户端与服务器同步。

（40）**参考答案**：B

📖**试题解析** A 记录用于主机名到 IP 地址的映射。

（41）**参考答案**：B

📖**试题解析** 防火墙通常部署在企业内部网和 Internet 之间，用于保护内部网络，一般情况下，防火墙支持网络地址转换、路由等功能，虽然部分防火墙可以加载杀毒、垃圾邮件过滤等模块实现相应的功能，但是这些不是防火墙的基本功能。

（42）**参考答案**：D

📖**试题解析** 防火墙工作主要依赖网络层和传输层的信息，不能对高层协议中的负载内容进行分析。

（43）**参考答案**：C

📖**试题解析** CA 对数字证书签名的目的就是防止证书被伪造或者说用户可以通过对 CA 签名的验证，确保证书的真实性。

（44）**参考答案**：A

📖**试题解析** 在软考中，默认的情况是三重 DES 加密使用两个不同密钥进行三次加密。

（45）**参考答案**：C

📖**试题解析** HTTP 使用的默认端口是 80，HTTPS 使用的默认端口是 443。

（46）**参考答案**：D

📖**试题解析** SNMP 采用的传输层协议是用户数据报协议（User Datagram Protocol，UDP），选项 A、B、C 所采用的传输层协议都是 TCP 协议，只有选项 D 的传输层主要采用 UDP 协议。

（47）**参考答案**：D

📖**试题解析** 本题属于一道送分题。ipconfig/displaydns 用于显示本地的 DNS 缓存信息。

（48）**参考答案**：B

📖**试题解析** SNMP 中，通常只能由管理站向代理进程发送信息，代理进程发出响应。在紧急情况下，代理进程可以主动向管理站发送 Trap 报文，用于通知管理站发生了特殊情况，如断电事件等。

（49）**参考答案**：B

📖**试题解析** SNMP 协议管理进程（向代理进程）发送请求和应答报文的默认端口号是 161，SNMP 代理进程（向管理进程）发送陷阱报文（Trap）的默认端口号是 162。NMS 即 Network Management System，也就是 SNMP 管理进程。

（50）**参考答案**：C

📖**试题解析** Trap 报文采用 UDP 协议，使用的默认端口是 162；普通的 SNMP 协议采用的默认端口是 161。

（51）**参考答案**：D

📖**试题解析** Web 服务器的 IP 地址必须是主机地址，地址范围是 192～207，因此 A、B、C 三个选项均可，只有 D 选项不可以。

（52）（53）（54）参考答案：C　D　D

🖋试题解析　C 选项 202.145.0.0/18 对应的范围是 202.145.0.0～202.145.63.255，正好是包含了 27～33 的最小范围段。A 选项的 202.145.27.0/20 的范围是 16～31，不包含全部网段。B 选项的范围是 0～15，不包含全部网段。D 选项的范围 32～63，不包含全部网段。原来是 4 个 C 类的地址，现在是 64 个 C 类地址，因此是 64÷4=16 倍。

（55）参考答案：D

🖋试题解析　这是一道典型的 IP 地址聚合计算问题，根据题干给出聚合之后的地址 192.168.16.0/22 可以算出这个地址的范围是 192.168.16.0～192.168.19.255。而题目已经指出，这个范围内的地址属于家属区，选项 A、B、C 都属于家属区 IP 地址段，因此只有选项 D 是可以用作办公区的 IP 地址。

（56）参考答案：C

🖋试题解析　在华为交换设备上配置 STP 协议，首先必须使能 STP 协议，因此正确选项中必须包含④。

（57）参考答案：A

🖋试题解析　RIPv2 是支持可变长子网掩码（VLSM）的，因此包含②的选项都是错误的，只能选 A。

（58）参考答案：C

🖋试题解析　GVRP 协议就是 GARP VLAN 注册协议，是 GARP 的一种应用，GVRP 所支持的 VLAN ID 的范围为 1～4094。

（59）参考答案：C

🖋试题解析　VLAN ID 的表示是 12bit，其取值范围是 0～4095，一共 4096 个 VLAN。其中，0 和 4095 保留，所以可用编号范围 1～4094。

（60）参考答案：C

🖋试题解析　命令创建了一个编号为 10 的 VLAN，并对 VLAN 进行了命名，名为 huawei。

（61）参考答案：B

🖋试题解析　Super VLAN 又称为 VLAN 聚合，基本工作原理是一个 Super VLAN 中可以有多个 Sub VLAN，每个 Sub VLAN 是一个广播域，不同 Sub VLAN 之间二层相互隔离。

VLAN 透传是带有 VLAN 标记的数据包进入设备后，不对 VLAN 标记做任何修改，保持原有标记进行转发。

中继接口可以承载多个 VLAN 的数据，即交换机上面所有的 VLAN 都可以在中继接口上通过。VLAN 中继是通过中继协议，允许一台交换机的 VLAN 信息可以传播到其他交换机上。

（62）参考答案：D

🖋试题解析　BGP 是一种外部网关协议，主要用于自治系统之间的路由选择协议，它是一种基于距离向量的路由协议，因此 A 选项错误。BGP 使用 TCP 作为其传输层协议，因此 B 选项错误。BGP 依据 AS_Path 属性等来计算网络代价，因此 C 选项错误。BGP 可以避免路由循环。当 BGP 路由器收到一条路由信息时，首先检查它所在的自治系统是否在通路列表中。如果在列表中，则该路由信息被忽略，从而避免了出现路由环路。D 这个说法虽然也不严谨，但基于选择最合适的答案，建议选 D。

（63）参考答案：A

🕮 试题解析　100BASE-T4 标准中，后面的 T 表示的是双绞线，T4 则表示 4 对线缆都使用，主要是解决早期的 3 类线只使用 2 对线的情况下速度达不到 100Mb/s 而设计。因此这个标准使用的是 3 类 UTP。

（64）参考答案：A

🕮 试题解析　退避二进制指数算法如下：①设定基本退避时间为争用期 2τ；②从整数集合 $\{0,\cdots,2^k-1\}$ 中随机取一个整数 r，则 $r\times 2\tau$ 为发送站等待时间，其中的 k=Min[重传次数,10]；③若**重传次数大于 16 次**则丢弃该帧数据并汇报高层。

本题中，发生了 3 次冲突（重传次数为 3），则整数集合为$\{0, ..., 2^3-1=7\}$。可得，最短等待时间为 $0\times 25.6\mu s$= 0us，最长等待时间是 $7\times 25.6us=179.2\mu s$。

（65）参考答案：B

🕮 试题解析　本题考查的是等级保护中的基本概念，计算机信息系统等级保护相关的知识点基本上每年考试都会涉及。

（66）参考答案：D

🕮 试题解析　802.11n 是在 802.11g 和 802.11a 之上发展起来的一项技术，可工作在 2.4GHz 和 5GHz 两个频段。其最大的特点是速率提升，理论速率最高可达 600Mb/s，目前主流速度为 300Mb/s。

（67）参考答案：C

🕮 试题解析　RAID5 的利用率为$(n-1)/n$，因此代入公式得到$(n-1)\times 4T=60T$，解得 $n=16$，再加上 1 块全局热备盘，因此一共 17 块。

（68）参考答案：D

🕮 试题解析　冗余设计主要指的是在网络中通过部署冗余的设备、线缆等方式来提高网络的可用性，冗余设计通常可以提高链路的可靠性，增强网络系统的负载能力，提高数据安全性等。但是在冗余设计中，并不能加快路由收敛的速度。

（69）参考答案：C

🕮 试题解析　《中华人民共和国数据安全法》自 2021 年 9 月 1 日起实施。关于行业动态、行业法律法规类型的题，基本上每年都会有 1 分左右的试题。

（70）参考答案：A

🕮 试题解析　进行项目风险评估最关键的时间点是在项目刚开始实施时，做相应的风险管理，对项目风险进行评估。

（71）（72）（73）（74）（75）参考答案：A　B　C　D　C

🕮 试题翻译　入侵（71）检测系统（IDS）是一种监测网络流量以发现可疑活动并在发现此类活动后发出警报的系统。尽管（72）异常检测及报告是 IDS 的主要功能，但一些 IDS 还能够在检测到（73）恶意活动或异常流量后采取行动，这包括（74）存储从可疑的 IP 地址发送的流量、把任何恶意冒险或违规行为报告给管理员或使用（75）安全信息和事件管理系统进行集中收集。SIEM

系统集成了来自多个来源的输出，并使用警报过滤技术来区分恶意活动和虚警报。

（71）A．检测　　　　　B．防御　　　　　C．定义　　　　　D．描述
（72）A．连接　　　　　B．异常　　　　　C．行为　　　　　D．错误
（73）A．普通的　　　　B．经常的　　　　C．恶意的　　　　D．已知的
（74）A．接收　　　　　B．阻塞　　　　　C．应答　　　　　D．存储
（75）A．状态　　　　　B．服务　　　　　C．安全　　　　　D．片段

网络工程师 机考试卷第 4 套
应用技术卷参考答案及解析

试题一

【问题 1】试题解析

本问题主要考查子网划分。题目要求把网段 10.11.230.0/24 划分为 4 个子网，通过此网段的掩码长度，可知此网段主机位占 32–24=8 位，共有 $2^8-2=254$ 个可用 IP，这些 IP 显然是不能平均分给各部门，因为平分导致营销部的 IP 不够。这种情况，就要求使用可变长度子网划分方案。

营销部有 110 台主机，因此本部门主机位至少占 7 位（2^7=126），也就是说，总共的 8 位主机位中，只有 1 位能拿出来作为网络位，而 1 位网络位只能划出 2 个子网，分别为：10.11.230.0/25 和 10.11.230.128/25。由表 1-1 可知，网络号 10.11.230.128 已经被市场部占用，因此，营销部的网络号只能是 10.11.230.0，<u>因此空（1）填 10.11.230.0</u>。

现在，我们把子网 10.11.230.128/25 进一步划分。市场部有 50 台主机，需 6 位主机位（2^6=64），即给市场部的网段应该有 32–6=26 位网络位，因此其子网掩码（把网络位全置为 1）为 255.255.255.192，<u>即空（2）应填 255.255.255.192</u>。本次划分出的两个网段分别为：10.11.230.128/26 和 10.11.230.192/26。

我们再把网段 10.11.230.192/26 再进一步划分成两个子网，分别为：10.11.230.192/27 和 10.11.230.224/27。此时<u>必须把 10.11.230.224/27 给生产部</u>，否则，人事部的网络号不能为 10.11.230.208 了。因此空（3）填 10.11.230.224。

现在，如果我们把最后一个网段 10.11.230.192/27 直接给人事部，虽然可满足人事部的主机的需求，但不满足表 1-1 中规定的其网络号为 10.11.230.208，因此，我们只能把子网 10.11.230.192/27 进一步或分为两个网段：10.11.230.192/28 和 10.11.230.208/28。此时，把 10.11.230.208/28 分给人事部，则人事部的网络号恰好是 10.11.230.208，子网掩码为 255.255.255.240，因此空（4）填 255.255.255.240。

参考答案

（1）10.11.230.0　　（2）255.255.255.192　　（3）10.11.230.224　　（4）255.255.255.240

【问题 2】试题解析

network 命令是逐条将 IP 路由表中已经存在的路由引入到 BGP 路由表中；import 命令是根据运行的路由协议将路由引入到 BGP 路由表中，同时 import 可以引入直连和静态路由。

华为文档中有关 BGP 的路由优选原则：依选优先手动聚合路由、自动聚合路由、network 命令引入的路由、import-route 命令引入的路由、从对等体学习的路由。可见 Network 方式的优先级高于 Import 方式。

参考答案
（5）STP/生成树协议　　（6）A　　（7）B　　（8）C

【问题3】试题解析

虚拟路由冗余协议（Virtual Router Redundancy Protocol，VRRP）用于解决在局域网中配置的静态网关出现单点失效问题。运行 VRRP 的一组路由器对外组成了一个虚拟路由器，其中一台路由器处于 Master 状态，其他的处于 Backup 状态。当由于某种原因导致主设备发生故障时，其中的一台备份设备能迅速变为主设备，由于此切换非常快，且不用改变 IP 地址和 MAC 地址，因此 VRRP 的这种设备切换对终端用户是透明的。本题中，设备1处于活动状态，设备1和设备2通过 link e 相互检测对端状态，一旦 link e 故障，设备2就检测不到设备1的状态，因此设备2的状态就会变化。

参考答案　当 link e 故障时，设备2的状态会变化。因为根据 VRRP 协议的特性，一旦设备2检测不到主设备的状态，在一个检查超时时间内自动进行主备转换，即此时设备2会切换成 Master 状态。

【问题4】试题解析

IPSec VPN 应用场景分为站点到站点、端到端、端到站点三种模式。

站点到站点（Site-to-Site）又称为网关到网关，多个异地机构利用运营商网络建立 IPSec 隧道，将各自的内部网络联系起来。防火墙（网络）访问总部网络，可采取此种方式。

端到端（End-to-End）又称为 PC 到 PC，即两个 PC 之间的通信由 IPSec 完成。通常通过远程访问的形式，建立临时的连接。如通过 PPTP VPN、SSL VPN 等建立临时连接。

端到站点（End-to-Site），指两个 PC 之间的通信由网关和异地 PC 之间的 IPSec 会话完成。

参考答案　客户端可以远程访问的形式（如 PPTP VPN，SSL VPN 等）访问总部；防火墙适合采用站点到站点的形式，如（IPsec VPN，MPLS VPN）。

试题二

【问题1】试题解析

IPv6 地址配置的方式可以分为静态分配和动态分配两类方式，网络设备互联、环回接口等往往采用静态配置方式，客户端主机通常采用动态分配方式。

动态配置方式分为无状态分配（SLAAC）和 IPv6 动态主机配置协议（DHCPv6）两种，其中 DHCPv6 又分为 DHCPv6 有状态自动分配和 DHCPv6 无状态自动分配。

无状态自动分配时主机的 IPv6 地址通过路由器通告（Router Advertisement，RA）方式自动生成，这是无状态的核心特点。

参考答案　无状态地址分配（SLAAC）和 IPv6 动态主机配置协议（DHCPv6），其中 DHCPv6 又分为 DHCPv6 有状态自动分配和 DHCPv6 无状态自动分配。

【问题2】试题解析

实际的配置应当如下所示。

```
<HUAWEI> system-view
```

[HUAWEI] sysname DeviceA
[DeviceA] vlan 10
[DeviceA-vlan10] quit
[DeviceA] interface gigabitethernet0/1/1
[DeviceA-gigabitethernet0/1/1] portswitch
[DeviceA-gigabitethernet0/1/1] port link-type access
[DeviceA-gigabitethernet0/1/1] port default vlan 10
[DeviceA-gigabitethernet0/1/1] quit
[DeviceA] interface vlanif 10
[DeviceA-Vlanif10] ipv6 enable
[DeviceA-Vlanif10] ipv6 address 2001:db8:1::1/64
[DeviceA-Vlanif10] quit

在 DeviceA 上创建地址池并配置相关属性。

[DeviceA] dhcpv6 pool pool1
[DeviceA-dhcpv6-pool-pool1] dns-server 2001:db8:2::1
[DeviceA-dhcpv6-pool-pool1] dns-domain-name huawei.com
[DeviceA-dhcpv6-pool-pool1] quit

在 DeviceA 的 VLANIF 接口下配置 DHCPv6 服务器功能。

[DeviceA] interface vlanif 10
[DeviceA-Vlanif10] dhcpv6 server pool1

在 DeviceA 的 VLANIF 接口下配置 DHCPv6 服务器以无状态方式分配 IPv6 地址，有状态方式分配网络参数。

[DeviceA-Vlanif10] undo ipv6 nd ra halt
[DeviceA-Vlanif10] ipv6 nd autoconfig other-flag
[DeviceA-Vlanif10] quit

参考答案

（1）sysname

（2）10

（3）2001:db8:1::1/64

（4）2001:db8:2::1

（5）dhcpv6 server pool1

（6）使能系统发布 RA 报文功能，本网络的主机将会定期收到更新 IPv6 地址前缀的信息

（7）other-flag

【问题 3】试题解析

根据上题的配置信息可知，客户端不需要通过 DHCPv6 服务器获取 IPv6 地址，因此 M=0，但是客户端需要通过 DHCPv6 服务器获取其他配置信息，因此 O=1，这种消息是由路由器发送的路由通告（RA）消息传送的。

参考答案

（1）M=0，O=1

（2）通过路由器的路由通告（RA）消息发送。

【问题 4】试题解析

这是基本概念题，M 标志位（Managed Flag）的作用：指示客户端是否需要通过 DHCPv6 服务器获取 IPv6 地址。

M=1：客户端需要通过 DHCPv6 服务器获取完整的 IPv6 地址。

M=0：客户端不需要通过 DHCPv6 服务器获取 IPv6 地址，可以通过其他方式（如无状态地址自动配置，SLAAC）获取 IPv6 地址。

O 标志位（Other Configuration Flag）的作用：指示客户端是否需要通过 DHCPv6 服务器获取其他配置信息（如 DNS 服务器地址等），而不是 IPv6 地址。

O=1：客户端需要通过 DHCPv6 服务器获取其他配置信息。

O=0：客户端不需要通过 DHCPv6 服务器获取其他配置信息。

【问题 4】参考答案

M 标志位（Managed Flag）：

作用：指示客户端是否需要通过 DHCPv6 服务器获取 IPv6 地址。

M=1：客户端需要通过 DHCPv6 服务器获取完整的 IPv6 地址。

M=0：客户端不需要通过 DHCPv6 服务器获取 IPv6 地址，可以通过其他方式（如无状态地址自动配置，SLAAC）获取 IPv6 地址。

O 标志位（Other Configuration Flag）：

作用：指示客户端是否需要通过 DHCPv6 服务器获取其他配置信息（如 DNS 服务器地址等），而不是 IPv6 地址。

O=1：客户端需要通过 DHCPv6 服务器获取其他配置信息。

O=0：客户端不需要通过 DHCPv6 服务器获取其他配置信息。

试题三

【问题 1】试题解析　第（1）空考查的是基本概念，具体如下：

（1）认证头（Authentication Header，AH）是 IPSec 体系结构中的一种主要协议，它为 IP 数据报提供完整性检查与数据源认证，并防止重放攻击。AH 不支持数据加密。AH 常用摘要算法（单向 Hash 函数）MD5 和 SHA-1 实现摘要和认证，确保数据完整。

（2）封装安全载荷（Encapsulating Security Payload，ESP）可以同时提供数据完整性确认和数据加密等服务。ESP 通常使用 DES、3DES、AES 等加密算法实现数据加密，使用 MD5 或 SHA-1 来实现摘要和认证，确保数据完整。

显然，题目要求用于数据完整性认证和数据认证的自然就是认证头 AH。

参考答案　（1）认证头 AH

【问题 2】试题解析　第（2）空考查的是考生对默认静态路由的了解，结合 3-1 拓扑图，可以知道默认出口是电信网络，对应的网关地址是 218.63.0.1，结合 ip route-static ip-address subnet-mask gateway 的基本命令模式可知，正确答案是 0.0.0.0 0.0.0.0 218.63.0.1。

参考答案　（2）0.0.0.0　0.0.0.0　218.63.0.1

【问题 3】试题解析　第（3）空结合上下文的提示信息"[R1-rip-1]"可知，是启用 RIP 协议，对应的进程号是 1。华为路由器默认情况下，使用的路由进程号就是 1。因此此处可以是 rip 1 也可以是 rip。

第（4）空是在 RIP 协议中使用 network 命令发布网络，这里要注意的是，不管是 RIP 的第 1 版还是第 2 版，network 命令后面的网络都应该是一个主类网络的网络地址。因此答案是 10.0.0.0。

第（5）空依据以下路由信息：

| 10.3.0.0/24 | RIP | 100 | 1 | D | 10.13.0.2 | GigabitEthernet0/0/1 |
| 10.4.0.0/24 | RIP | 100 | 1 | D | 10.13.0.2 | GigabitEthernet0/0/1 |

由此可知，10.3.0.0/24 和 10.4.0.0/24 都是距离本路由 cost 为 1 的网络，结合表 3-1 的接口地址信息可知，10.3.0.0/24 和 10.4.0.0/24 所在的网络是 R3 下面交换机连接的 PC3 和 PC4 的网络。因此通告这些路由信息的一定是 R3。

第（6）空可以根据目前 R1 的路由表知道，此时 R1 只有 4 个目标网络，分别是 10.3.0.0/24、10.4.0.0/24、10.34.0.0/30 和 10.42.0.0/24，并且没有默认静态路由，所以 PC1 无法访问电信网络。

参考答案　　（3）rip 1 或者 rip　　（4）10.0.0.0　　（5）R3

（6）不能访问，因为此时 R1 上没有到达外网的路由

【**问题 4**】**试题解析**　　第（7）空根据题意可知，这条 ACL 是用于控制 PC1 的，因此对应的 source 部分应该是 PC1 对应的地址，注意这里需要用反掩码。由于对应的是单台主机，因此反掩码就要使用 0.0.0.0 或者 0，因此答案是 10.10.0.2　0.0.0.0 或者 10.10.0.2　0。

第（8）空根据题意"禁止 PC3 在工作日 8:00 至 18:00 访问电信网络"可知，这个时间段就是 8:00 to 18:00。另外注意华为对于其他周期性时间的简写，考试中常考到。具体如下：

<0-6>	Day of the week(0 is Sunday)
Fri	Friday
Mon	Monday
Sat	Saturday
Sun	Sunday
Thu	Thursday
Tue	Tuesday
Wed	Wednesday
daily	Every day of the week
off-day	Saturday and Sunday
working-day	Monday to Friday

第（9）空的原理与第（7）空是一样的，这里是对 PC3 的控制，因此 source 部分只要指定 PC3 的主机地址即可。

第（10）空中对应的命令序列主要是创建了流分类，这是配置 ACL 的典型方式，属于基本概念。

第（11）空是创建流行为并配置重定向，redirect 就是指定重定向的下一跳地址，因此关键词是 ip-nexthop。

第（12）空是在流行为中指定对应的操作是 permit 还是 deny。本题中，behavior 3 对应的流分类是 classifier 3，因此最终是与 classifier 3 指定 acl 3001 相匹配。ACL 和流行为中的动作组合如下：

ACL	traffic-policy 中的 behavior	匹配报文的最终处理结果
permit	permit	permit
permit	deny	deny
deny	permit	deny
deny	deny	deny

依据 ACL 和流行为中的动作组合规则可知，在 acl 3001 中的动作是 deny，因此无论在 behavior 是 permit 还是 deny，最终结果都是 deny，都能达到禁止 PC3 的目的。

第（13）、（14）空考查的都是基础概念，就是在 traffic policy 中将流分类与流行为关联起来，这里显然 classifier 1 关联的是 behavior 1，classifier 3 关联的是 behavior 3。

第（15）空是在接口应用流策略，大部分应用都可以是在 inbound 或者 outbound 方向，为了降低设备的 CPU 利用率，通常可以选用 inbound 方向。值得注意的是，基于 ACL 的重定向和基于 ACL 的流镜像通常是应用在 inbound 方向。此处 traffic-policy 1 是基于重定向的应用，因此使用 inbound 方向。

参考答案

（7）10.10.0.2　0 或者 10.10.0.2　0.0.0.0　　　（8）8:00 to 18:00
（9）10.3.0.2　0 或者 10.3.0.2　0.0.0.0　　　（10）创建流分类
（11）ip-nexthop　　　　　　　　　　　　　　（12）permit 或者 deny
（13）behavior 1　　　　　　　　　　　　　　（14）behavior 3
（15）inbound

试题四

【问题 1】试题解析

（1）Untagged 帧就是不带 VLAN Tag（标识）的帧，即以太帧。在以太帧的源地址字段后面，加上 4 个字节的 VLAN Tag，以太帧就成为了 VLAN 帧，VLAN ID 属于 VLAN Tag 中的内容之一，即其中的 VID。当基于子网划分 VLAN 时，如果设备收到的是 Untagged 帧（即以太帧），则设备根据报文中的源 IP 地址，确定需为用户主机添加的 VLAN ID。

（2）新加入网络的主机需要通过 DHCP 方式获取 IP 地址，但是，在申请到合法的 IP 地址前，主机只能采用源 IP 地址 0.0.0.0 进行临时通信。

（3）以源 IP 地址为 0.0.0.0 进行临时通信的主机，无法加入任何 VLAN，此时设备会给其报文打上接口的缺省 VLAN ID（缺省情况下，接口的缺省 VLAN ID 为 1）。

（4）（5）引入 DHCP 策略 VLAN 功能后，设备将修改收到 DHCP 报文的外层 VLAN Tag，将 VLAN ID 设置为 DHCP 服务器所在的 VLAN ID，这样，新加入的主机与 DHCP 就位于同一个 VLAN，从而实现了新加入网络的主机与 DHCP 服务器之间 DHCP 报文的互通，从而可进一步从 DHCP 服务器获得合法的网络配置参数，进而该主机发送的报文可以通过基于子网划分 VLAN 的方式加入对应的 VLAN。

参考答案

（1）D　（2）G　（3）F　（4）C　（5）E

【问题2】试题解析

（6）主机要从DHCP服务器获取IP地址，必须先在交换机上使能（enable）DHCP功能（服务）。

（7）根据4-1拓扑图，可知VLAN 30对应IP地址是10.10.30.1。

（8）根据命令后面的解释是使能接口地址池，可以知道应该使用interface。

（9）根据本命令的功能及后面命令中的"port trunk"，可知此处是将接口类型设置为trunk类型。

（10）根据配置的上下文或拓扑图可知，这里是设置以太网接口GE0/0/1。

（11）根据题干的说明这里是要在GE0/0/2接口设置基于子网划分的VLAN功能，因此需要使用的命令是ip-subnet-vlan enable。

（12）根据题干中"并配置接口为Hybrid Untagged类型"可以知道，这里需要填入的是hybrid。

（13）dhcp policy-vlan mac-address命令用来配置基于MAC地址的DHCP策略VLAN。

（14）dhcp policy-vlan port命令用来配置基于接口的DHCP策略VLAN。

（15）dhcp policy-vlan generic命令用来配置普通的DHCP策略VLAN。

参考答案

1.（6）B　（7）G　（8）C　（9）I
2.（10）J　（11）E　（12）H
3.（13）D　（14）A　（15）F

网络工程师 机考试卷第5套
基础知识卷

- 固态硬盘的存储介质是__(1)__。
  (1) A. 软盘　　　　　　B. 闪存　　　　　　C. 光盘　　　　　　D. 磁盘
- XGS-PON 与 GPON 的主要区别在于__(2)__。
  (2) A. XGS-PON 支持更高的对称带宽　　　B. GPON 使用无线传输技术
  　　C. XGS-PON 仅支持下行传输　　　　　D. GPON 的传输距离更远
- 在风险管理中，降低风险危害的策略不包括__(3)__。
  (3) A. 转移风险　　B. 回避风险　　C. 消除风险　　D. 接受风险并控制损失
- 基于 Android 的移动端开发平台是一个以__(4)__为基础的开源移动设备操作系统。
  (4) A. UNIX　　　　　B. Windows　　　　C. Linux　　　　D. DOS
- 某工厂使用一个软件系统实现质检过程的自动化，并逐步替代人工质检，该系统属于__(5)__。
  (5) A. 面向作业处理的系统　　　　　B. 面向决策计划的系统
  　　C. 面向管理控制的系统　　　　　D. 面向数据汇总的系统
- 智能手机包含运行内存和机身内存，以下关于运行内存的说法中，不正确的是__(6)__。
  (6) A. 用于暂时存放处理器所需的运算数据　　B. 也称手机 RAM
  　　C. 能够永久保存数据　　　　　　　　　　D. 手机运行内存越大，性能越好
- 数据标准化是一种按照预定规程对共享数据实施规范化管理的过程。数据标准化的对象是数据元素和元数据。以下①~⑥中，__(7)__属于数据标准化主要包括的三个阶段。
  ①数据元素标准阶段　②元数据标准阶段　③业务建模阶段
  ④软件安装部署阶段　⑤数据规范化阶段　⑥文档规范化阶段
  (7) A. ①③⑤　　　B. ③⑤⑥　　　C. ④⑤⑥　　　D. ①②③
- 计算机上采用的 SSD（固态硬盘）实质上是__(8)__存储器。
  (8) A. Flash　　　　B. 光盘　　　　C. 磁带　　　　D. 磁盘
- 信息系统的文档是开发人员与用户交流的工具。在系统规划和系统分析阶段，用户与系统分析人员交流所使用的文档不包括__(9)__。
  (9) A. 总体规划报告　B. 可行性研究报告　C. 项目开发计划　D. 用户使用手册
- 受到破坏后会对国家安全造成特别严重损害的信息系统应按照等级保护第__(10)__级的要求进行安全规划。
  (10) A. 二　　　　B. 三　　　　C. 四　　　　D. 五
- 下列不属于双绞线测试参数的是__(11)__。
  (11) A. 衰减　　　B. 近端串扰　　　C. 丢包率　　　D. 等效远端串扰
- 在卫星通信中，通常采用的差错控制机制为__(12)__。
  (12) A. 最大限额 ARQ　　　　　　　　B. 后退 N 帧 ARQ

C. 选择重发 ARQ　　　　　　　　D. 停等 ARQ

- 一台 16 口的全双工千兆交换机，至少需要　(13)　的背板带宽才能实现线速转发。
  (13) A. 1.488Gb/s　　B. 3.2Gb/s　　C. 32Gb/s　　D. 320Gb/s

- 百兆以太网采用的数据编码方法是　(14)　。
  (14) A. 8B/10B　　B. 64B/66B　　C. 曼彻斯特　　D. 4B/5B

- VxLAN 与 QinQ 相比，说法错误的是　(15)　。
  (15) A. 通过 MAC-in-UDP 封装数据包
       B. 技术更昂贵，更复杂，不是所有交换机都支持
       C. 其工作层次具有更高的可扩展性，适应云计算要求
       D. 增加 VLAN ID 数量

- 下面关于 Kerberos 认证协议的叙述中，正确的是　(16)　。
  (16) A. 用户和服务器之间不需要共享长期密钥
       B. 协议的交互采用公钥加密算法加密消息
       C. 密钥分发中心包括认证服务器、票据授权服务器和客户机三个部分
       D. 协议的目的是让用户获得访问应用服务器的服务许可票据

- 在主机上禁止　(17)　协议，可以不响应来自别的主机的 ping 包。
  (17) A. TLS　　B. ICMP　　C. UDP　　D. ARP

- 在以太无源光网络（Ethernet Passive Optical Network，EPON）中，如果用户端的家庭网关或者交换机是由运营商提供并统一进行 VLAN 管理，那么在 UNI 端口上 VLAN 操作模式优先配置为　(18)　。
  (18) A. Trunk 模式　　　　　　　　B. 透传模式
       C. 标记模式　　　　　　　　　D. Translation 模式

- 在 OSPF 路由协议中，路由器在　(19)　进行链路状态广播。
  (19) A. 收到对端请求后　　　　　　B. 固定 60 秒后周期性地
       C. 固定 30 秒后周期性地　　　　D. 链路状态发生改变后

- 在 TCP 建立连接的三次握手时，假设客户端发送的 SYN 段中的序号字段为 a，则服务端回复的 SYN+ACK 段中的确认号为　(20)　。
  (20) A. a　　B. a+1　　C. a+20　　D. 随机值

- 在 OSI 参考模型中，负责对应用层消息进行压缩、加密功能的层次为　(21)　。
  (21) A. 传输层　　B. 应用层　　C. 表示层　　D. 会话层

- 在 TCP 拥塞控制机制中，快速重传的目的是让主机在计时器超时前能够快速恢复，其触发条件是　(22)　。
  (22) A. 计时器超时　　　　　　　　B. 收到该报文的 ACK
       C. 拥塞窗口超过阈值　　　　　D. 收到 3 个冗余 ACK

- 在 RIP 协议中，默认的最大度量值是　(23)　跳；除了设置最大度量值外，还可以采用　(24)　防止路由环路。
  (23) A. 15　　B. 16　　C. 32　　D. 64

(24) A. 水平分割和垂直翻转　　　　　　B. 水平分割和路由毒化
　　　C. 垂直翻转和路由毒化　　　　　　D. 垂直翻转和毒化逆转

● 运行 OSPF 协议的路由器每 __(25)__ 秒向各个接口发送一次 Hello 报文，该报文的作用不包括 __(26)__ 。

(25) A. 10　　　　　B. 20　　　　　C. 30　　　　　D. 40
(26) A. 选举 DR/BDR　　　　　　　　B. 发现并建立邻居关系
　　　C. 建立双向通信关系　　　　　　D. 同步数据库

● 以下关于 BGP 路由协议的说法中，错误的是 __(27)__ 。

(27) A. BGP 协议使用 keep-alive 报文周期性地证实邻居站的连通性
　　　B. BGP 协议为保证可靠性使用 TCP 作为承载协议，使用端口号是 179
　　　C. BGP 协议是一种外部网关协议
　　　D. BGP 协议不支持路由汇聚功能

● Telnet 是用于远程访问服务器的常用协议，下列关于 Telnet 的描述中，不正确的是 __(28)__ 。

(28) A. 可传输数据和口令　　　　　　B. 默认端口号是 23
　　　C. 一种安全的通信协议　　　　　D. 用 TCP 作为传输层协议

● 在浏览器地址栏输入 ftp://ftp.tsinghua.edu.cn/进行访问时，首先执行的操作是 __(29)__ 。

(29) A. 域名解析　　B. 建立控制命令链接　　C. 发送 FTP 命令　　D. 建立文件传输链接

● 下列用于收取电子邮件的协议是 __(30)__ 。

(30) A. SMTP　　　　B. ICMP　　　　C. SNMP　　　　D. POP3

● 在 UOS Linux 系统中，DNS 配置文件的 __(31)__ 参数，用于确定 DNS 服务器地址。

(31) A. nameserver　　B. search　　C. domain　　D. sortlist

● 在 Linux 系统中，要将文件复制到另一个目录中，为防止意外覆盖相同文件名的文件，可使用 __(32)__ 命令实现。

(32) A. cp -a　　　　B. cp -I　　　　C. cp -R　　　　D. cp -f

● 在 UOS Linux 操作系统中通常使用 __(33)__ 作为 Web 服务器，其默认的 Web 站点的目录为 __(34)__ 。

(33) A. IIS　　　　　B. Apache　　　　C. NFS　　　　D. MySQL
(34) A. /etc/httpd　B. /var/log/httpd　C. /etc/home　D. /home/httpd

● 在 UOS Linux 中，用于复制文件或目录的命令是 __(35)__ 。

(35) A. cp　　　　　B. mv　　　　　C. rm　　　　　D. ln

● 以下关于 DHCP 服务的说法中，正确的是 __(36)__ 。

(36) A. DHCP 服务器可以远程操作客户端，开启或关闭服务
　　　B. 在同一子网中，有且仅能有一台 DHCP 服务器
　　　C. 在 DHCP 服务域内，可以确保工作站使用固定的 IP 地址
　　　D. DHCP 客户端需配置正确的服务器地址才能使用 DHCP 服务

● FTP 服务可以开启匿名登录功能，其用户名是 __(37)__ 。若要上传文件，应使用 __(38)__ 命令。

(37) A. root　　　　B. user　　　　C. guest　　　　D. anonymous

(38) A. copy　　　　　B. paste　　　　　C. put　　　　　D. get

● 以下关于电子邮件服务的说法中，正确的是 __(39)__ 。

(39) A. 收到的邮件会即时自动地存储在预定目录中
　　　B. 电子邮件需要用户手动接收
　　　C. 不同操作系统使用不同的默认端口
　　　D. 电子邮件地址格式允许用户自定义

● SHA-256 是 __(40)__ 算法。

(40) A. 加密　　　B. 数字签名　　　C. 认证　　　D. 报文摘要

● 某网络拓扑如下图所示，边界防火墙的管理地址为 10.0.122.1，财务服务器为 10.0.123.2，为禁止外部用户对财务服务器的访问，管理员应在边界防火墙上配置 __(41)__ 策略，该条策略配置的源地址应为 __(42)__ 。

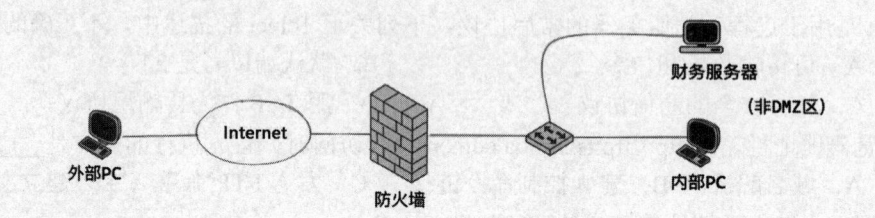

(41) A. 地址转换　　B. 访问控制　　C. 入侵防御　　D. VPN
(42) A. 0.0.0.0　　　B. 10.0.122.1　　C. 10.0.123.2　　D. 127.0.0.1

● PKI 体系中，由 SSL/TSL 实现 HTTPS 应用，浏览器和服务器之间用于加密 HTTP 消息的方式是 __(43)__ 。如果服务器的证书被撤销，那么所产生的后果是 __(44)__ 。如果此时浏览器继续与该服务器通信，所存在的安全隐患是 __(45)__ 。

(43) A. 对方公钥+公钥加密　　　　　B. 本方公钥+公钥加密
　　　C. 会话密钥+公钥加密　　　　　D. 会话密钥+对称加密
(44) A. 服务器不能执行加解密　　　　B. 服务器不能执行签名
　　　C. 客户端无法再信任服务器　　　D. 客户端无法发送加密消息给服务器
(45) A. 浏览器发送的消息可能会丢失　B. 加密消息可能会被第三方解密
　　　C. 加密消息可能会被篡改　　　　D. 客户端身份可能会遭到泄露

● SNMP 管理的网络关键组件不包括 __(46)__ 。

(46) A. 网络管理系统　　B. 被管理的设备　　C. 代理者　　D. 系统管理员

● 管理员发现交换机的二层转发表空间被占满，清空后短时间内仍然会被再次占满。造成这种现象的原因可能是 __(47)__ 。

(47) A. 交换机内存故障　　　　　　B. 存在环路造成广播风暴
　　　C. 接入设备过多　　　　　　　D. 利用虚假的 MAC 进行攻击

● 某主机无法上网，查看本地连接后，发现只有发送包没有接收包，故障原因可能是 __(48)__ 。

(48) A. 网线没有插好　　　　　　　B. DNS 配置错误

C．IP 地址配置错误　　　　　　　　D．TCP/IP 协议故障

- 某网络结构如下图所示。PC1 的用户在浏览器地址栏中输入 www.abc.com 后无法获取响应页面，而输入 61.102.58.77 可以正常打开 Web 页面，则导致该现象的可能原因是　(49)　。

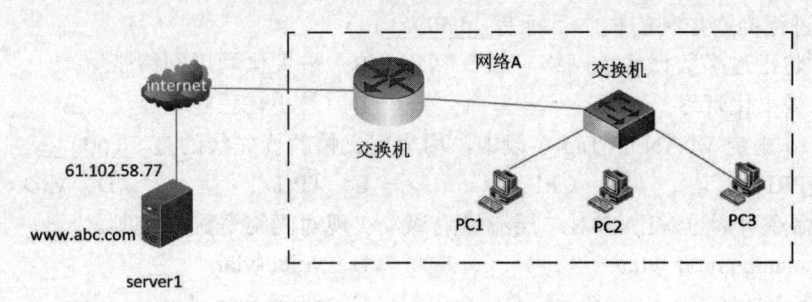

（49）A．域名解析失败　　　　　　　　B．网关配置错误
　　　 C．PC1 网络参数配置错误　　　　D．路由配置错误

- SNMP 的消息类型不包含　(50)　。
（50）A．Get-Request　　B．Get-Next-Request　　C．Get-Response　　D．Get-Next-Response

- 下列 IP 地址中不能够被路由器转发的是　(51)　。
（51）A．192.169.102.78　　B．101.10.10.251　　C．127.16.23.1　　D．172.33.22.16

- IPv4 地址 192.168.10.201/26 的子网掩码是　(52)　，其网络号是　(53)　。
（52）A．255.255.255.0　　B．255.255.255.128　　C．255.255.192.0　　D．255.255.255.192
（53）A．192.168.10.0　　B．192.168.10.64　　C．192.168.10.192　　D．192.168.10.128

- 路由器收到一个目标地址为 201.46.17.4 的数据包，应将该数据包发往　(54)　子网。
（54）A．201.46.0.0/21　　B．201.46.16.0/20　　C．201.46.8.0/22　　D．201.46.20.0/22

- PC1 的 IP 地址为 192.168.5.16，PC2 的 IP 地址为 192.168.5.100，PC1 和 PC2 在同一网段中，其子网掩码可能是　(55)　。
（55）A．255.255.255.240　　B．255.255.255.224　　C．255.255.255.192　　D．255.255.255.128

- 以下关于命令 user-interface vty 0 的说法中，正确的是　(56)　。
（56）A．配置用户等级为配置级　　　　　　B．不允许连接虚拟终端
　　　 C．进入到交换机的远程登录用户界面　D．连接交换机不需要输入密码

- 在交换机上执行某命令显示结果如下图所示，该命令的作用是　(57)　。

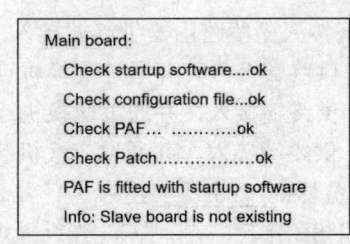

```
Main board:
  Check startup software....ok
  Check configuration file...ok
  Check PAF… …………ok
  Check Patch……………..ok
  PAF is fitted with startup software
  Info: Slave board is not existing
```

（57）A．检查资源文件是否正确　　　　　B．对资源文件进行 CRC 校验
　　　 C．激活设备存储器中的 License 文件　D．系统回滚到上一个正常启动的版本状态

- OSPF 协议中 DR 的作用范围是 (58) 。
    - (58) A. 一个 area B. 一个网段
    - C. 一台路由器 D. 运行 OSPF 协议的网络
- 网络中，进行拥塞控制的根本目标是 (59) 。
    - (59) A. 防止过多数据注入网络 B. 最大化利用网络带宽
    - C. 最小化延迟 D. 最小化丢包率
- IEEE 802.1q 规定 VLAN 的 Tag 字段中，用来定义帧的优先级的是 (60) 。
    - (60) A. PRI B. CFI C. TPID D. VID
- (61) 命令可通过 VLAN 对二层流量隔离，实现对网络资源的控制。
    - (61) A. management-vlan B. voice-vlan
    - C. mux-vlan D. aggregate-vlan
- 在交换机 SWA 上执行的命令及其输出如下：

    [SWA]display stp
    ------[CIST Global Info][Mode MSTP]------
    CIST Bridge: 32768.000f-e23e-f9b0
    Bridge Times: Hello 2s MaxAge 20s FwDly 15s MaxHop 20

    从输出结果可以判断 (62) 。
    - (62) A. SWA 的桥 ID 是 32768 B. SWA 是根桥
    - C. SWA 工作在 RSTP 模式 D. SWA 工作在 MSTP 模式
- 在 5G 技术中，用于提升接入用户数的技术是 (63) 。
    - (63) A. MIMO B. NGV C. SOMA D. SDN
- 以太网的最大帧长为 1518 字节，每个数据帧前面有 8 个字节的前导字段，帧间隔 9.6μs，在 100BASE-T 网络中发送 1 帧需要的时间为 (64) 。
    - (64) A. 123μs B. 132μs C. 12.3ms D. 13.2ms
- 下关于 Wi-Fi6 的说法中，错误的是 (65) 。
    - (65) A. 支持完整版的 MU-MIMO B. 理论吞吐量最高可达 9.6Gb/s
    - C. 遵从协议 802.11ax D. 工作频段在 5GHz
- 某公司有 20 间办公室，均分布在办公大楼的同一楼层，计划在办公区域组建无线网络，为移动工作终端提供无线网络接入，要求连接一次网络后，可以在各办公室无缝漫游，下列组网方案最合理的是 (66) 。
    - (66) A. 各办公室部署互联网接入无线路由器供终端接入
    - B. 各办公室部署瘦 AP 供终端接入，并通过交换机连接到互联网接入路由器
    - C. 各办公室部署胖 AP 供终端接入，并通过交换机连接到互联网接入路由器
    - D. 各办公室部署瘦 AP 供终端接入，并通过交换机连接到 AC 和互联网接入路由器
- FC-SAN 存储常通过光纤与服务器的 (67) 连接。
    - (67) A. 光口网卡 B. USB 接口 C. 光纤通道卡 D. RAID 控制器
- 对某银行业务系统的网络方案设计时，应该优先考虑 (68) 原则。
    - (68) A. 开放性 B. 先进性 C. 经济性 D. 高可用性

- 某公司局域网使用DHCP动态获取10.1.0.100网段的IP地址，某终端获得了192.168.1.104网段的地址，可在接入层交换机上配置___(69)___功能杜绝该问题再次出现。

  (69) A．dhcp relay 　　　　　　　　　　B．dhcp snooping
  　　　C．mac-address static　　　　　　　D．arp static

- 计算机等级保护第三级对信息系统用户身份鉴别的要求是：在第二级要求的基础之上，___(70)___。

  (70) A．应设置登录密码复杂度要求并定期更换
  　　　B．应具有登录失败处理功能
  　　　C．应采取措施防止鉴别信息在传输过程中被窃听
  　　　D．应采取双因子登录认证，且其中一种鉴别技术应至少使用密码技术

- Network Address Translation(NAT) is an Internet standard that enables a local-area network to use one set IP addresses for internal traffic and another set of ___(71)___ IP addresses for external traffic. The main use of NAT is to limit the number of public IP addresses that an organization or company must use, for both economy and ___(72)___ purposes. NAT remaps an IP address space into another by modifying network address information in the ___(73)___ header of packets while they are in transit across a traffic routing device. It has become an essential tool in conserving global address space in the face of ___(74)___ address exhaustion. When a packet traverses outside the local network, NAT converts the private IP address to a public IP address. If NAT runs out of public addresses，the packets will be dropped and ___(75)___ "host unreachable" packets will be sent.

  (71) A．local　　　　　B．private　　　　C．public　　　　D．dynamic
  (72) A．political　　　B．fairness　　　　C．efficiency　　D．security
  (73) A．MAC　　　　　B．IP　　　　　　　C．TCP　　　　　D．UDP
  (74) A．IPv4　　　　　B．IPv6　　　　　　C．MAC　　　　　D．logical
  (75) A．BGP　　　　　B．IGMP　　　　　　C．ICMP　　　　　D．SNMP

网络工程师 机考试卷第 5 套
应用技术卷

试题一（共 20 分）

阅读以下说明，回答【问题 1】至【问题 3】，将解答填入答题纸对应的解答栏内。

【说明】某单位由于业务要求，在六层的大楼内同时部署有线和无线网络，楼外停车场部署无线网络，其网络拓扑如图 1-1 所示。

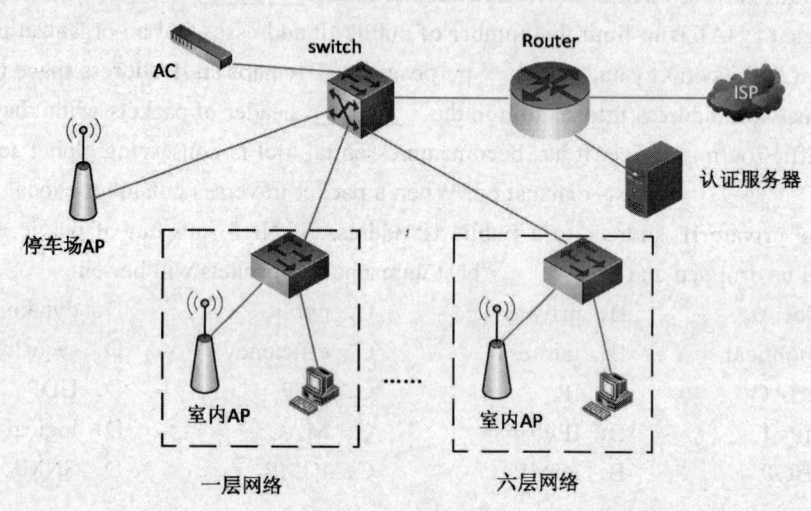

图 1-1 网络拓扑

【问题 1】（8 分）

1. 该网络规划中，相较于以旁路方式部署，将 AC 直连部署存在的问题是 __(1)__ ，相较于部署在核心层，将 AC 部署在接入层存在的问题是 __(2)__ 。

2. 在不增加网络设备的情况下，防止外网用户对本网络进行攻击，隐藏内部网络的 NAT 策略通常配置在 __(3)__ 。

(3) 备选答案：A. AC　　　　B. Switch　　　C. Router

3. 某用户通过手机连接该网络的 Wi-Fi 信号，使用 Web 页面进行认证后上网，则该无线网络使用的认证方式是 __(4)__ 认证。

(4) 备选答案：A. PPPoE　　　B. Portal　　　C. IEEE 802.1x

【问题 2】（8 分）

1. 若停车场需要部署 3 个相邻的 AP，在进行 2.4GHz 频段规划时，为避免信道重叠可以采用的信道是__(5)__。

(5) 备选答案：A．1、4、7　　　B．1、6、9　　　C．1、6、11

2．若在大楼内相邻的办公室共用 1 台 AP 会造成信号衰减，造成信号衰减的主要原因是__(6)__。

(6) 备选答案：A．调制方式　　B．传输距离　　C．设备老化　　D．障碍物

3．在网络规划中，对 AP 供电方式可以采取__(7)__供电或 DC 电源适配器供电。

4．在不考虑其他因素的情况下，若室内 AP 区域信号场强大于–60dBm，停车场 AP 区的场强大于–70dBm，则用户在__(8)__区域的上网体验好。

【问题 3】（4 分）

在结构化布线系统中，核心交换机到楼层交换机的布线通常称为__(9)__，拟采用 50/125 微米多模光纤进行互连，使用 1000BASE-SX 以太网标准，传输的最大距离约是__(10)__米。

(9) 备选答案：A．设备间子系统　　B．管理子系统　　C．干线子系统

(10) 备选答案：A．100　　B．550　　C．5000

试题二（共 20 分）

阅读以下说明，回答【问题 1】至【问题 4】，将解答填入答题纸对应的解答栏内。

【说明】如图 2-1 为某公司的网络拓扑图。

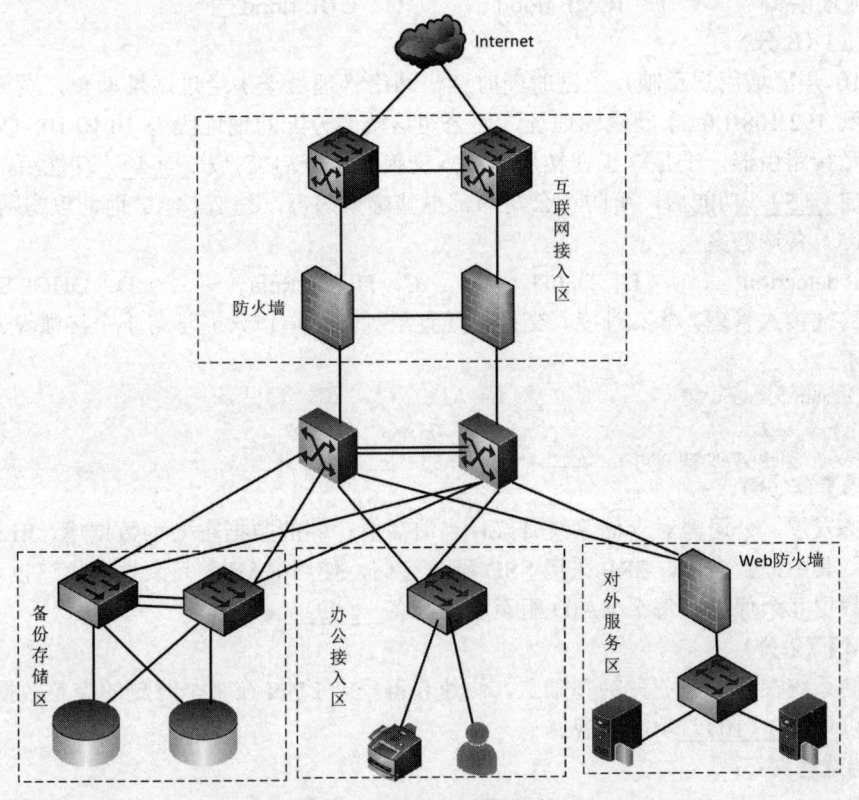

图 2-1　某公司网络拓扑

【问题1】(6分)

某日,网站管理员李工报告网站访问速度慢,他查看了互联网接入区防火墙的日志,日志如图2-2所示。

日志生成时间	严重级别	攻击类型	动作类型
2022-2-27 9:48:24	error	ACK Flood	logging
2022-2-27 9:48:08	error	ACK Flood	logging
2022-2-27 9:47:02	error	ACK Flood	logging
2022-2-27 9:45:37	error	ACK Flood	logging
2022-2-27 9:44:32	error	ACK Flood	logging

图 2-2 防火墙日志图

根据日志显示,初步判断该公司服务器遭到__(1)__攻击。该种攻击最常见的攻击方式为__(2)__、__(3)__等,李工立即开启防火墙相关防护功能,几分钟后,服务器恢复了正常使用。

(1)~(3)备选答案:

A．ARP   B．蜜罐   C．DDoS   D．SQL注入
E．IP地址欺骗   F．ICMP flood   G．UDP flood

【问题2】(8分)

某日,10层区域用户反映,上网时断时续,网络管理员李工经过现场勘查,发现该用户通过DHCP获取到192.168.1.0/24网段的地址,而公司该楼层分配的地址段为10.10.10.1/24,经判断该网络有用户私接路由器,于是李工在楼层的接入交换机上开启交换机__(4)__功能后,用户上网正常,同时开启__(5)__功能后,可防止公司内部电脑感染病毒,伪造MAC地址攻击网关。

(4)、(5)备选答案:

A．ARP detection   B．DHCP   C．DHCP Relay   D．DHCP Snooping

为加强终端接入管理,李工对接入交换机配置限制每个端口只能学习1个终端设备的MAC地址,具体如下:

```
interface GigabitEthernet 0/0/1
port-security   (6)
port-security-mac-num mac-number   (7)
```

【问题3】(4分)

随着业务发展,公司需对存储系统升级,当前需要存储的数据主要为数据库、ERP、图片、视频、文档等。其中,数据库、ERP采用SSD硬盘存储,使用RAID5冗余技术。该技术通过__(8)__方式来实现数据冗余保护,每个RAID组至少应配备__(9)__块硬盘。

【问题4】(2分)

要求存储系统在不中断业务的基础上,快速获得一个LUN在某个时刻的完整数据拷贝进行业务分析,可以使用__(10)__功能实现。

(10)备选答案:

A．快照   B．镜像   C．远程复制   D．LUN拷贝

试题三（共 20 分）

阅读以下说明，回答【问题1】至【问题3】，将解答填入答题纸对应的解答栏内。

【说明】图 3-1 为某公司网络骨干路由拓扑片段（分部网络略），公司总部与分部之间运行 BGP 获得路由，路由器 RA、RB、RC 以及 RD 之间配置 IBGP 建立邻居关系，RC 和 RD 之间配置 OSPF 进程。所有路由器接口地址信息如图所示，假设各路由器已经完成各个接口 IP 等基本信息配置。

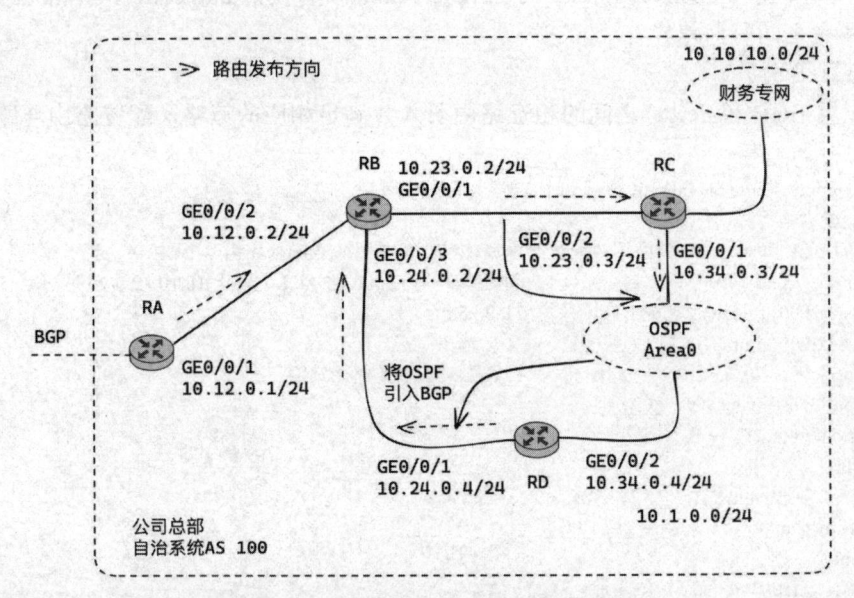

图 3-1 某公司网络骨干路由拓扑片段

【问题1】（2 分）

按图 3-1 所示配置完成 BGP 和 OSPF 路由相互引入后，可能会出现路由环路，请说明产生路由环路的原因。

【问题2】（10 分）

要求：配置 BGP 和 OSPF 基本功能（以 RA 和 RB 为例），并启用 RC 和 RD 之间的认证，以提升安全性。请补全下列命令完成 RA 和 RB 之间的 BGP 配置并回答后面的问题。

```
#RA 启用 BGP，配置与 RB 的 IBGP 对等体关系
[RA] bgp 100
[RA-bgp] router-id 10.11.0.1
[RA-bgp] peer 10.12.0.2 as-number   （1）
[RA-bgp] ipv4-family unicast
[RA-bgp-af-ipv4] peer   （2）   enable
[RA-bgp] quit
#RB 启用 BGP，配置与 RA、RC 和 RD 的 IBGP 对等体关系
[RB] bgp 100
[RB-bgp] router-id 10.22.0.2
[RB-bgp] peer   （3）   as-number 100         #配置与 RA 的对等关系
......#其他配置省略
```

#配置 RC 和 RD 的 OSPF 功能（以 RC 为例），并启用 OSPF 认证
[RC] ospf 1 router-id 10.33.0.3
[RC-ospf-1] area 0
[RC-ospf-1-area-0.0.0.0] network ___(4)___   #发布财务专网给 RD，其他省略
[RC-ospf-1-area-0.0.0.0] authentication-mode simple ruankao
[RC-ospf-1] quit

（5）OSPF 认证方式有哪些？上述命令中配置 RC 的为哪种？

（6）如果将命令 authentication-mode simple ruankao 替换为 authentication-mode simple plain ruankao，则两者之间有何差异？

【问题 3】（8 分）

要求：配置 BGP 和 OSPF 之间的相互路由引入并满足相应的策略，配置路由环路检测功能，请补充以下命令。

[RC-ospf-1] import-route bgp permit-ibgp   #该命令的作用是 ___(7)___
......#其他配置省略
#配置 RD 的 BGP 引入 OSPF 路由，并配置路由策略禁止发布财务专网的路由给 BGP。
[RD] acl number 2000   #配置编号为 2000 的 ACL，禁止 10.10.10.0/24 通过
[RD-acl-basic-2000] rule deny source ___(8)___ 0.0.0.255
[RD-acl-basic-2000] quit
[RD]route-policy rp   #配置名为 rp 的路由策略
[RD-route-policy] if-match acl ___(9)___
[RD-route-policy] quit
[RD] bgp 100
[RD-bgp] ipv4-family unicast
[RD-bgp-af-ipv4] import-route ospf ___(10)___
[RD-bgp] quit
#以 RA 为例，启用 BGP 环路检测功能。
[RA] route ___(11)___ bgp enable

试题四（共 15 分）

阅读以下说明，回答【问题 1】至【问题 2】，将解答填入答题纸对应的解答栏内。

【说明】某公司在网络环境中部署多台 IP 电话和无线 AP，计划使用 PoE 设备为 IP 电话和无线 AP 供电，拓扑结构图如图 4-1 所示。

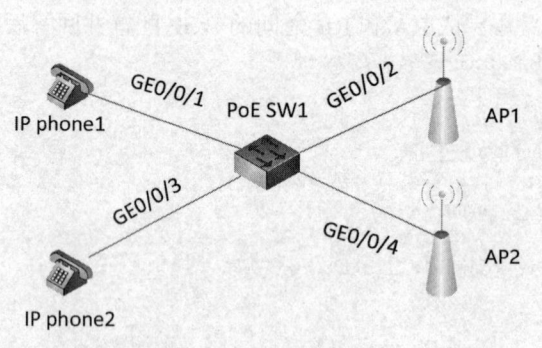

图 4-1 拓扑结构图

【问题 1】(5 分)

PoE(Power Over Ethernet)也称为以太网供电,是在对现有的以太网 cat.5 布线基础架构不作任何改动的情况下,利用现有的五类、超五类和六类双绞线作为基于 IP 的终端(如 IP 电话机、无线局域网接入点 AP、网络摄像机等)同时 __(1)__ 和 __(2)__ 。完整的 PoE 系统由供电端设备(Power Sourcing Equipment,PSE)和受电端设备(Powered Device,PD)两部分组成。依据 IEEE 802.3af/at 标准,有两种供电方式,使用空闲脚供电和使用 __(3)__ 脚供电,当使用空闲脚供电时,以双绞线的 __(4)__ 线对为正极、 __(5)__ 线对为负极为 PD 设备供电。

(1)~(5)备选答案:
A. 提供电功率　　　B. 4、5　　　　C. 传输数据
D. 7、8　　　　　　E. 3、6　　　　F. 数据

【问题 2】(10 分)

公司的 IP phone1 和 AP1 为公司内部员工提供语音和联网服务,要求有较高的供电优先级,且 AP 的供电优先级高于 IP 电话;IP phone2 和 AP2 用于放置在公共区域,为游客提供语音和联网服务,AP2 在每天的 2:00—6:00 时间段内停止供电。IP 电话的功率不超过 5W,AP 的功率不超过 15W,配置接口最大输出功率,以确保设备安全。

请根据以上需求说明,将下面的配置代码补充完整。

```
<huawei>    (6)
[huawei]    (7)    SW1
[SW1] poe power-management    (8)
[SW1] interface gigabitethernet 0/0/1
[SW1-gigabitethernet0/0/1] poe power    (9)
[SW1-gigabitethernet0/0/1] poe priority    (10)
[SW1-gigabitethernet0/0/1] quit
[SW1] interface gigabitethernet 0/0/2
[SW1-gigabitethernet0/0/2] poe power    (11)
[SW1-gigabitethernet0/0/2] poe priority    (12)
[SW1-gigabitethernet0/0/2]quit
[SW1]interface    (13)
[SW1-gigabitethernet0/0/3] poe power  5000
[SW1-gigabitethernet0/0/3] quit
[SW1]    (14)    tset 2:00 to 6:00 daily
[SW1]interface gigabitethernet 0/0/4
[SW1-gigabitethernet0/0/4] poe    (15)    time-range tset
Warning: This operation will power off the PD during this time range poe.Continue?[YN]:y
[SW1-gigabitethernet0/0/4] quit
```

(6)~(15)备选答案:
A. sysname/sysn　　　B. 5000　　　　　　C. time-range　　　D. power-off
E. auto　　　　　　　F. system-view/sys　G. critical　　　　　H. high
I. 15000　　　　　　　J. gigabitethernet0/0/3

网络工程师 机考试卷第 5 套
基础知识卷参考答案及解析

（1）**参考答案**：B

试题解析 固态硬盘采用非易失性的 Flash 芯片作为存储介质，这种介质在断电后仍能长时间保存数据信息。有些高级固态硬盘中会有少量的 DRAM，DRAM 是易失性存储介质，在固态硬盘中仅作为高速缓存使用。

（2）**参考答案**：A

试题解析 XGS-PON 与 GPON 的主要区别在于 XGS-PON 支持更高的对称带宽，上下行均可达到 10Gb/s。GPON 的上下行速率不对称，且下行速率通常为 2.5Gb/s。GPON 不使用无线传输技术，XGS-PON 支持双向传输，且两者的传输距离相似。

（3）**参考答案**：C

试题解析 在风险管理中，风险不能消除。消极风险或威胁的应对策略包括：①规避：指改变项目计划，以排除风险或条件，或者保护项目目标，使其不受影响，或对受到威胁的一些目标放松要求；②转移：将风险转嫁给其他的组织或个体，通过这种方式来降低风险发生后的损失；③减轻：当风险很难避免或转移时，可以考虑采取减轻策略来降低风险发生的概率或减轻风险带来的损失；④接受：适用于无法找到任何应对良策的情况下，或者为应对风险而采取的对策所需要付出的代价太高时。

（4）**参考答案**：C

试题解析 本题考查的是基本常识。目前手机操作系统中，Android 是基于 Linux 的，iOS 是基于 UNIX 的。

（5）**参考答案**：A

试题解析 软件系统可以分为面向卓越处理的系统、面向管理控制的系统、面向决策计划的系统。本题中是由一个软件来实现质检过程的自动化，显然是一个面向作业处理的系统。

（6）**参考答案**：C

试题解析 智能手机的运行内存主要指的是 RAM，这种存储器的特性是系统在运行的过程中可以保存数据，一旦系统重启或断电，保留的数据会全部丢失，因此不能够实现永久保存数据的功能。

（7）**参考答案**：B

试题解析 本题是一个概念题，考查的是数据标准化的阶段划分。数据标准化一般分为三个阶段，分别是业务建模阶段、数据规范化阶段、文档规范化阶段。

（8）**参考答案**：A

试题解析 SSD 是 Flash 芯片作为存储介质的存储器。

（9）**参考答案**：D

试题解析 在系统规划和系统分析阶段，软件系统的设计阶段尚未开始，不存在用户使用手册。因此用户与系统分析员交流所使用的文档不可能包括用户使用手册。

（10）**参考答案**：D

试题解析　《信息安全等级保护管理办法》根据信息系统受到破坏后对国家、社会等造成的危害程度，将信息系统的安全保护由低到高分为一到五级（第五级为最高级）。第五级的标准是"当信息系统受到破坏后，会对国家安全造成特别严重损害"。

（11）**参考答案**：C

试题解析　结构化综合布线系统的双绞线验证测试指标包括：接线图、长度、衰减、近端串扰、等效远端串扰、传输延迟、阻抗特性等参数。丢包率是衡量网络质量的指标。

（12）**参考答案**：C

试题解析　在卫星通信中的传输延时比较高，为了提高卫星通信的效率，通常采用的差错控制机制为选择重发 ARQ。

（13）**参考答案**：C

试题解析　带宽是交换机接口处理器或接口卡与数据总线间所能吞吐的最大数据量。全双工交换机背板带宽计算公式如下：

背板带宽（Mb/s）=万兆端口数量×10000Mb/s×2+千兆端口数量×1000Mb/s×2+百兆端口数量×100Mb/s×2+其他端口×端口速率×2

代入公式可知道，背板带宽=16×1000Mb/s×2=32Gb/s。

（14）**参考答案**：D

试题解析　4B/5B 编码就是将一组连续的 4bit 数据编码成 5bit 数据，编码效率是 80%。百兆以太网使用 4B/5B 对数据进行编码，然后把该数据编为 MLT-3 编码进行传输。MLT-3 编码也称 3 电平编码或 3 阶基带编码，这种编码使用+、0、−三种电平，当电平与前一位相比保持不变时表示 0，电平与前一位相比有跳变时表示 1。

在曼彻斯特编码中，每一位数据对应的信号编码中间有一跳变，称为位间跳变，位间跳变既作为时钟信号又作为数据信号（若由高到低跳变表示 0，则由低到高跳变表示 1；反之亦可），因此无需单独发送同步时钟信号，但采用曼彻斯特编码每位数据需用两位电信号表示，编码效率是 50%，因此一般只用于 10 兆以太网中；8B/10B 编码用于千兆以太网以及 USB3.0、1394b、SATA 等；万兆以太网，64B/66B 编码效率约为 97%，一般用于万兆以太网。

（15）**参考答案**：D

试题解析　VxLAN 的一个关键特性就是通过 MAC-in-UDP 封装数据包，在 IP 网络上封装和传输 MAC 帧，因此适合在整个数据中心或云环境中扩展虚拟网络。Vxlan 技术比较复杂，并不是所有的传统交换机都支持。

而 QinQ 通过在数据帧中添加额外的 VLAN 标签来增加所支持的 VLAN 数量。VxLAN 并不直接增加 VLAN ID 数量，而是用于扩展虚拟机之间的通信范围。

（16）**参考答案**：D

试题解析　Kerberos 协议主体由客户机、密钥分发中心 KDC（Key Distribution Center）、应用服务器三个部分构成，而密钥分发中心 KDC 主要由鉴别服务器（Authentication Server，AS）和票据授予服务器（Ticket-Granting Server，TGS）两部分组成，客户机不属于 KDC，所以 A 选项错误。

B 选项中，Kerberos 协议的交互采用私钥加密算法（对称加密算法），所以错误。C 选项中，服务器指代不明，如果服务器指的是应用服务器，用户和应用服务器之间不需要共享长期密钥，而是用 KDC 分发共享密钥，但是用户和 AC 服务器之间需要共享的长期会话密钥，所以 C 选项有争议。D 选项中，Kerberos 认证协议的主要目的就是为用户和应用服务器提供共享密钥分发服务，也就是让用户获得访问应用服务器的服务许可票据（票据中包含共享密钥）。综合来看，这题选择 D 更合适。

（17）**参考答案**：B

试题解析 ping 命令使用的是 ICMP 协议，因此在主机上禁止 ICMP 协议，就可以不响应来自别的主机的 ping 包。

（18）**参考答案**：B

试题解析 此题为网络规划设计师 2022 年 11 月第 56 题原题。UNI（User Network Interface）即用户网络接口。UNI 端口的 VLAN 操作模式有三种：透传模式、标记模式、Translation 模式。

如果用户端的家庭网关或交换机是由运营商提供的，运营商就认为这些网关或交换机是可信的。那么如果光网络单元（ONU）接收到这些网关或交换机发来的上行以太网帧，就可不作任何处理（无论以太网帧是否带 VLAN Tag），直接（即透明地）向光纤干线终端设备（OLT）进行转发，对于下行的以太网帧也采用同样的转发方式。这种不做任何处理的转发方式称为透传模式。

（19）**参考答案**：D

试题解析 开放式最短路径优先（Open Shortest Path First，OSPF）协议是一种链路状态路由协议，所有运行 OSPF 的路由器只有在链路状态发生变化之后才会向其他路由器进行链路状态广播。

（20）**参考答案**：B

试题解析 本题考查的是在建立 TCP 连接时三次握手过程中，TCP 头部中各相关标志（SYN、ACK）及字段（占 32 位的 Seq 字段、占 32 位的 Ack 字段）的变化情况，三次握手是考试中的一个必考点，一定要结合 TCP 报文的报头部结构去深入理解三次握手的原理。典型三次握手过程如下图所示。

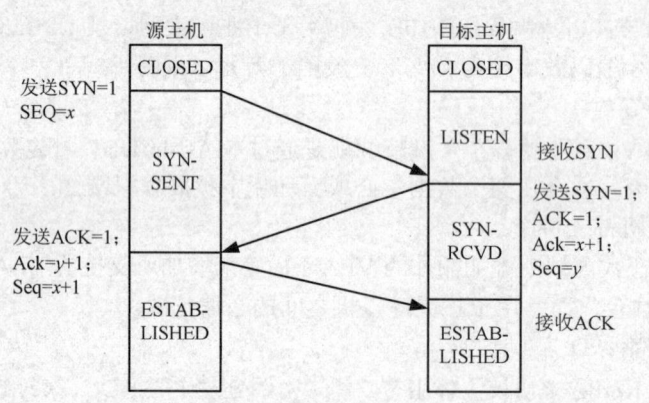

（21）**参考答案**：C

试题解析 表示层提供一种通用的数据描述格式，便于不同系统间的机器进行信息转换和相互操作。表示层的主要功能有：数据语法转换、语法表示、数据加密和解密、数据压缩和解压。

（22）**参考答案**：D

试题解析　拥塞控制的四个算法分别是：慢开始、拥塞避免、快重传、快恢复。这是一个基本上每年都会考到的知识点，需理解其基本思路及 cwnd 和 ssthresh 的变化情况。

开始传送时，发送方对网络拥塞情况并不清楚，因此会设置较小的 cwnd 值（拥塞窗口），如果接收正常则 cwnd 以指数进行增大，这种方法称为慢开始算法。

当 cwnd 值达到慢开始上限（慢开始阈值，ssthresh）后，开始执行拥塞避免算法，本算法中，cwnd 不再以指数形式增加，而是以线性形式增加（每次加 1）。

随着 cwnd 的不断增加，数据发送速率不断加快：①如果遇到分组超时，则认为发生了网络拥塞。此时会将 ssthresh 值降为原来的一半，cwnd 复原（即将其值恢复到最小值 1），开始执行慢启动；②如果发送端连续收到 3 个相同的 ACK 而不是分组超时，则认为是正常的网络包丢失，而不是网络拥塞造成的，此时执行快速重传算法，即不等待超时计时器超时就直接重传丢失的分组，然后执行快恢复算法（ssthresh 和 cwnd 都设置为原来的一半）。

（23）（24）**参考答案**：A　B

试题解析　路由信息协议（Routing Information Protocol，RIP）采用距离矢量路由算法计算最佳路由。此处所谓的距离矢量是指从源到目的所经历的跳数。RIP 中所规定的路数最大度值为 15，即如果当该值达到 15 时还未到达目标地址，则认为目标不可达。

RIP 采用了设置最大度量值、水平分割（路由器从某个接口接收到的更新信息不允许再从这个接口发回去）、路由毒化（如果 A 路由器知道了 B 网络不可达，则 A 就会把到达该网络的跳数设为 16，并会把该信息通知给其周边路由器）、毒化逆转等机制来防止路由环路。

（25）（26）**参考答案**：A　D

试题解析　运行 OSPF 协议的路由器在默认情况下每 10 秒向各个接口发送一次 hello 报文，其作用主要有：发现邻居、建立邻居关系、维护邻居关系、选择 DR/BDR（Designated Router/Backup Designated Router）、确保双向通信。同步数据库通过 LSA 报文实现。

（27）**参考答案**：D

试题解析　BGP 协议是一种外部网关协议，主要用于自治系统之间的路由选择。它采用了 TCP 作为承载协议，对应的端口号是 179。PGP 协议支持路由汇聚功能，以降低自治系统之间路由表项的条数。

（28）**参考答案**：C

试题解析　Telnet 使用明文传输用户名、密码等信息，不安全。

（29）**参考答案**：A

试题解析　由于在地址栏输入的是 FTP 加主机域名形式的地址，因此要建立 FTP 连接，首先得解析出目标主机的 IP 地址，因此最先执行的就是通过域名解析获取域名对应的 IP 地址。

（30）**参考答案**：D

试题解析　SMTP 是用于发送电子邮件的标准协议，POP3 和 IMAP4 是用于接收电子邮件的协议，其中 POP3 是离线协议，IMAP4 是一种在线协议。

（31）**参考答案**：A

◆**试题解析** Linux 下配置 DNS 的三种方法：
1）host 本地 DNS 解析 vi /etc/hosts，如：1.2.23.34 www.test.com。
2）网卡配置文件 DNS 服务地址 vi /etc/sysconfig/network-scripts/ifcfg-eth0，如：dns1=10.1.1.1。
3）系统默认 DNS 配置 vi /etc/resolv.conf，如：nameserver 114.114.114.114。

（32）**参考答案**：B

◆**试题解析** cp -I 是交互模式，覆盖文件之前会提示用户。

（33）（34）**参考答案**：B D

◆**试题解析** Apache 是 Linux 操作系统中最为常用的 Web 服务；IIS 是 Windows 系统中的 Web 服务；MySQL 是数据库系统软件；NFS 是网络文件系统。Apache 的默认 Web 站点的目录是 /home/httpd。

（35）**参考答案**：A

◆**试题解析** cp 命令用于复制文件或目录，mv 用于移动或重命名文件或目录，rm 用于删除文件或目录，ln 用于创建链接。

（36）**参考答案**：C

◆**试题解析** 动态主机配置协议 DHCP，通过该协议，客户机可从 DHCP 服务器动态地获得一个 IP 地址及相关配置信息。这个过程中，客户机是发起 DHCP 服务请求的主动方，DHCP 服务器可以响应客户机的请求但不能操作客户端。在同一子网内，可以有多台 DHCP 服务器，收到服务请求的每台 DHCP 服务器都会作出响应，但客户端收一个响应时，如果确认使用该 DHCP 服务器所提供的 IP 地址，则会把这个信息进行广播，那么所有 DHCP 就知道了该客户机的请求已被满足，并更新自己的可用 IP 地址池。DHCP 服务器可以为域内的客户机分配固定的 IP 地址，也可分配动态的 IP 地址（即临时使用的 IP 地址）。客户机发起 DHCP 服务的请求时，是以广播的形式发送请求报文，因此无需配置（指定）具体的 DHCP 服务器地址。

（37）（38）**参考答案**：D C

◆**试题解析** FTP 服务默认的匿名登录用户名是 anonymous；FTP 中用于上传的命令是 put，下载文件的命令是 get。

（39）**参考答案**：A

◆**试题解析** 电子邮件服务器在收到用户发过来的新邮件时，会自动地存储在用户注册邮箱的预定目录；待用户登录邮件服务器时，用户再从服务器对应的目录中下载相应的邮件。不同的邮件协议（如 SMTP，POP3 等）默认对应不同的端口号，但同种邮件协议在不同操作系统中默认的端口号是相同的。

（40）**参考答案**：D

◆**试题解析** 单向散列函数的作用主要用于报文摘要，典型的如 MD5 和 SHA 系列。

（41）（42）**参考答案**：B A

◆**试题解析** 为了禁止外部用户对财务服务器的访问，需要控制用户的访问，因此需要设置访问控制策略。由于是要控制来自互联网的外部用户，因此访问控制策略的源地址可以是任意地址。通常用 0.0.0.0 表示任意地址。

（43）（44）（45）**参考答案**：D C D

试题解析 使用安全套接层（SSL），通信双方（浏览器与服务器）在通信之首首先要约定使用什么密钥对通信内容进行加密和解密，所约定的这个密钥，称为会话密钥；约定好会话密钥后，双方就共同以此密钥对通信（会话）内容进行加密和解密，因此会话过程中使用的是对称加密。

服务器的证书中含有 CA 对该证书的签名，而签名是经过 CA 的私钥加密的，因此用户能够利用 CA 的公钥去验证该证书（也即该服务器）的合法性；如果服务器的证书被证书的颁发机构（CA）撤销，那么该服务器就没有 CA 机构来为它背书，因此客户就无法再相信该服务器。

客户端浏览器与不被信任的服务器以 HTTPS 的方式通信，跟普通的 HTTPS 通信过程并无不同，其风险是：不被信任的服务器可能是一个非法服务器，客户端身份可能会遭到人为泄露。

（46）**参考答案**：D

试题解析 SNMP 是一个用于支持网络管理系统的协议，以实现监测网络设备的工作情况并反馈给管理者的功能。因此，基于 SNMP 管理的网络，有三大关键组件：①网络管理系统（实现管理功能的总部，又称"SNMP 管理进程"）；②被管理的设备（被管理对象）；③代理者（网络管理系统在设备中"分部"，又称为"SNMP 代理进程"）。在 SNMPv3 中把管理进程和代理进程统一叫作 SNMP 实体，SNMP 实体由一个 SNMP 管理程序和一个或多个 SNMP 代理程序组成。具体如下图所示。

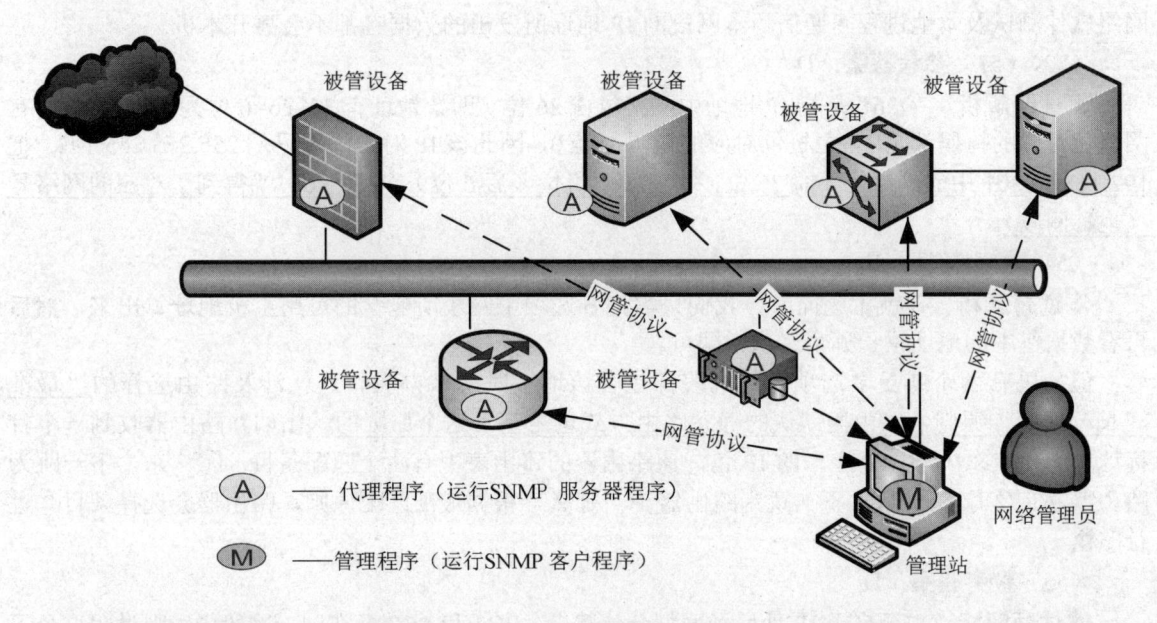

（47）**参考答案**：D

试题解析 交换机的二层转发表空间被占满，清空之后在短时间内会再次占满，这显然是网络中存在有非常多的不同的端口对应的 MAC 地址，因此可能是网络中存在有利用虚假 MAC 地址进行攻击的情况。而环路广播风暴的典型表现是 MAC 地址表震荡（抖动），即同一个 MAC 地址，在地址表中对应的端口不断变化（但地址记录条数并不变化）。

（48）**参考答案**：A

📕**试题解析**　一般主机使用网线序号为 1、2、3、6 的线缆进行数据传输，其中，1、2 线用于数据发送，3、6 线用于数据接收。本题中，只有发送包没有接收包的原因，最可能的原因是 3、6 线出现虚接，网线没有插好。DNS 配置错误会出现域名访问故障，IP 地址配置错误会出现不能正常上网的问题，但这两种情况都可以接收网络中的广播包，是有接收报文的。TCP/IP 协议出现故障，则不会有任何发送和接收数据。

（49）**参考答案**：A

📕**试题解析**　从题干的描述可以非常清晰地知道，通过域名无法正常地获取页面，但是通过 IP 地址可以获得正常的页面访问，因此说明域名解析失败。

（50）**参考答案**：D

📕**试题解析**　SNMP 中定义了五种消息类型分别是 Get-Request（SNMP 管理站向代理发起读参数值请求）、Get-Response（代理返给管理站读参数值请求的响应）、Get-Next-Request（SNMP 管理站向代理发起读下一个参数值的请求）、Set-Request（管理站向代理发起写请求）、Trap（网络事件报告）。

（51）**参考答案**：C

📕**试题解析**　127.0.0.0/8 网段属于保留网段，其中的所有 IP 地址都为本地环回地址，常用于网络软件测试及本地进程间通信。本网段的 IP 地址所发出的数据包都不会离开本机。

（52）（53）**参考答案**：D　C

📕**试题解析**　"/26" 是指 IP 地址中网络位占 26 位（即该地址有 32-26=6 位为主机位），所有网络位对应的掩码都是 1，主机位对应的掩码都是 0，因此该 IP 对应的掩码是 255.255.255.192。把 192.168.10.201 中的网络位（前 26 位）不变，主机位（后 6 位）全变为 0，就得到了对应的网络号（也称网段）。

（54）**参考答案**：B

📕**试题解析**　仅就本题而言，我们只需把各选项中网段所包含的可用主机地址算出来，然后再看数据包中的地址位于哪个选项中即可。

但如果有两个或更多选项中的网段都包含该地址时怎么办呢？这就涉及路由选择的"最准（长）匹配"原则，路由器默认的静态路由方式也是基于这个原则的。比如，路由器收到一个目标地址为"广东/**区/*街道"的 IP 包，该路由器的路由表中有两个匹配条目：①广东，下一跳为路由器 A；②广东/**区，下一跳为路由器 B。那么，根据最准匹配原则，路由器会选择条目②进行路由。

（55）**参考答案**：D

📕**试题解析**　本题属于 IP 地址子网划分计算题。PC1 和 PC2 处在同一网段中，则说明这个子网规模至少包含了 192.168.5.16~192.168.5.100 之间的 IP 地址（共 100-16+1=85 个地址），也就是其子网至少要有 2^7=128 个 IP 地址，因此主机位至少是 7 位，网络位最多为 25 位，即子网掩码最左边最多 25 位为 1，其余为 0，即掩码最大为 11111111.11111111.11111111.10000000=255.255.255.128。

（56）**参考答案**：C

📕**试题解析**　user-interface vty 命令用来进入 VTY（Virtual teletype）用户接口视图。在该视图下用户可以配置 Telnet 和 SSH 的相关参数。具体命令格式为 user-interface vty first-ui-number [last-ui-number]。在 VTY 用户接口视图下，可以使用 user privilege level X 来配置用户的配置级别。

（57）参考答案：A

试题解析　Check startup 命令用来检查各种资源文件（PAF 文件、license 文件、补丁包、启动软件、配置文件）是否正确。

（58）参考答案：B

试题解析　DR、BDR 适用于广播型网络和 NBMA 网络，通常其发布的信息只在所属的区域内泛洪。因此 DR 的作用范围是一个网段。

（59）参考答案：B

试题解析　在网络中拥塞控制的根本目标是确保网络中的资源得到合理利用，避免过多的数据注入网络导致网络拥塞和性能严重下降。

（60）参考答案：A

试题解析　IEEE 802.1q 标准的基本结构如下图所示：

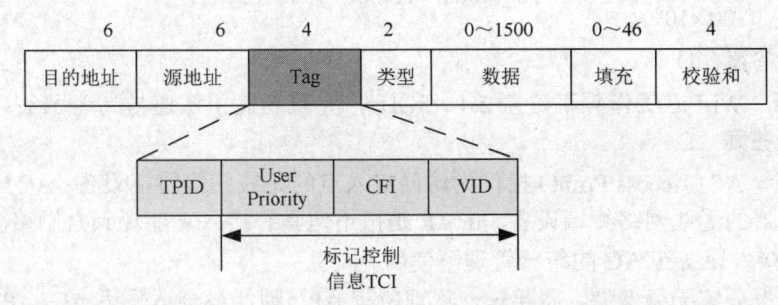

6	6	4	2	0～1500	0～46	4
目的地址	源地址	Tag	类型	数据	填充	校验和

TPID | User Priority | CFI | VID

标记控制信息TCI

- TPID：取值为 0x8100（hex）时表示本帧为遵循 IEEE 802.1Q 标准的 VLAN 帧。
- User Priority：即定义用户优先级，占 3 位共 8 个优先级别。
- CFI（Canonical Format Indicator）：即规范格式指示器，在以太网交换机中它总被设置为 0；若设置为 1 时表示该帧格式并非合法格式，对这类帧不被转发。
- VID：即 VLAN ID，用于唯一标识一个 VLAN，占 12 位，取值范围为$[0, 2^{12}-1]$，即[0,4095]。其中各 ID 的具体使用要求见上一题解析。

（61）参考答案：C

试题解析　MUX VLAN（Multiplex VLAN）提供了一种通过 VLAN 进行网络资源控制的机制。aggregate-vlan 命令用来将当前 VLAN 配置为 super-vlan（把两个或以上的网段聚合成一个超网）。

（62）参考答案：D

试题解析　多生成树协议（MSTP）可通过阻断冗余链路来消除桥接网络中可能存在的环路。Mode MSTP 是指该交换机运行在 MSTP 模式下；CIST Bridge 表示本交换机的网桥 ID，它由本交换机中（可知不是根桥）MAC 地址最小接口的 MAC 地址加上其在公共内部生成树（Common Internal Spanning Tree，CIST）即连接网络内所有设备的单生成树中的优先级两部分构成（前 16 位是交换设备在 CIST 中的优先级，后 48 位是 MAC 地址），因此本题中 32768.000f-e23e-f9b0 这个整体才是网桥 ID。

（63）参考答案：A

◆试题解析 在 5G 技术中，用于提升接入用户数的技术是 MIMO（Multiple-Input Multiple-Output）技术，也称为多入多出技术或多发多收天线技术。MIMO 技术可以使同一空间内的用户，通过不同波束复用同一时频资源，从而有效提升无线网络的频谱效率和容量。

NGV 是指下一代智能语音/视频。SOMA（Self-Orgnizing Mobile Access）即自组织移动网络接入，能够自动发现用户设备和新的无线接入点，快速建立网络连接，优化数据传输以提供更快的速度和更好的用户体验。SDN 即软件定义网络，旨在根据软件进行网络调度管理，实现网络可编程化，使得网络更加灵活高效，且易于管理。

（64）参考答案：B

◆试题解析 本题是网络工程师考试中常考的一种题型，要求计算在一定条件下，发送一个数据帧所需要的时间。这里的时间需要灵活地根据题干中给定的条件来取得，一定要注意审题。本题中强调了前导字段和帧间间隔，因此可以确定发送一帧的时间=发送时间+帧间间隔。

发送时间 = $\frac{(1518+8) \times 8}{(100 \times 10^6)} \times 10^6 = 122.08 \mu s$，$122.08+9.6 \approx 132 \mu s$。

（65）参考答案：D

◆试题解析 Wi-Fi6 工作频率覆盖 2.4～5GHz，完整涵盖了低速与高速设备。

（66）参考答案：D

◆试题解析 AP（Access Point）指作为访问接入点的无线网络终端设备；AC（Access Control）指作为接入控制器的无线网络终端设备。胖 AP 是指不但具有接入功能还具有网络管理功能的 AP，瘦 AP 则仅作为接入设备在 AC 的统一管理下使用。

管理与在各办公室无缝漫游，需要统一管理所有 AP，因此最合适采用 AC+AP 方案，其中 AC 负责无线网络的控制，AP 负责用户接入，这里的 AP 不需网络的管理与控制功能，因此是瘦 AP。

（67）参考答案：C

◆试题解析 服务器上通过光纤通道卡（Host Bus Adapter，HBA）与存储网络连接。存储系统的 I/O 通道实际上是光纤通道，而 HBA 的作用就是实现内部通道协议（PCI 或 SBUS）与光纤通道协议的转换。

（68）参考答案：D

◆试题解析 金融业网络的基本要求是高可用性和高安全性。

（69）参考答案：B

◆试题解析 根据题干描述，某终端所获得的 IP 地址并不在 DHCP 服务器分配的网段之内，因此有可能是网络中存在非法 DHCP 服务器。dhcp snooping 是 DHCP 提供的一个安全功能，可屏蔽接入网络中的非法 DHCP 服务器。

（70）参考答案：D

◆试题解析 计算机等级保护第三级要求包括：①应对登录操作系统和数据库系统的用户进行身份标识和鉴别；②操作系统和数据库系统管理用户身份标识应具有不易被冒用的特点，口令应有复杂度要求并定期更换；③应启用登录失败处理功能，可采取结束会话、限制非法登录次数和自动退出等措施；④当对服务器进行远程管理时，应采取必要措施，防止鉴别信息在网络传输过程中被窃听；⑤应为操作系统和数据库系统的不同用户分配不同的用户名，确保用户名具有唯一性；

⑥应采用两种或两种以上组合的鉴别技术（即双因子）对管理用户进行身份鉴别，且其中一种鉴别技术至少使用密码技术（网络安全等级保护制度 2.0 标准）。

选项 A、B、C 都属于第二级中已经存在的。而选项 D 属于在第二级要求的基础上增加的。

（71）（72）（73）（74）（75）**参考答案**：C D B A C

翻译：网络地址转换（Network Address Translation，NAT）是一种因特网标准，它使局域网能够将一组 IP 地址用于内部通信，而将另一组__（71）__公网 IP 地址用于外部通信。NAT 的主要用途是限制一个组织或公司必须使用的公网 IP 地址的数量，以达到经济和__（72）__安全的目的。当数据包通过路由设备时，NAT 通过修改数据包__（73）__IP 报头中的网络地址信息，将一个 IP 地址空间重新映射到另一个 IP 地址空间。在__（74）__IPv4 地址即将耗尽的情况下，NAT 已经成为节省全局地址空间的一个重要工具。当一个数据包传出本地网络时，NAT 将私有 IP 地址转换为公网 IP 地址。如果 NAT 的公网地址用完，数据包将被丢弃，并且__（75）__ICMP"主机不可访问"数据包将被发送。

（71）A. 本地　　　　　　B. 私有　　　　　　C. 公有　　　　　　D. 动态
（72）A. 政治的　　　　　B. 公平的　　　　　C. 有效的　　　　　D. 安全的
（73）A. MAC　　　　　　B. IP　　　　　　　　C. TCP　　　　　　　D. UDP
（74）A. IPv4　　　　　　B. IPv6　　　　　　　C. MAC　　　　　　　D. 逻辑
（75）A. 边界网关协议（Border Gateway Protocol）
　　　B. Internet 组管理协议（Internet Group Management Protocol）
　　　C. Internet 控制报文协议（Internet Control Message Protocol）
　　　D. 简单网络管理协议（Simple Network Management Protocol）

网络工程师　机考试卷第 5 套
应用技术卷参考答案及解析

试题一

【问题 1】试题解析

直连部署的设备通常会在网络的主干线路上，这种部署方式存在单点故障的问题，如因为 AC 所控制的所有 AP 的转发数据都要通过 AC，容易使得 AC 成为性能瓶颈。相当一部分支持直连部署的设备，在设备出现故障时都有可让数据直通的功能。

如果将 AC 部署在接入层设备上，往往由于接入层设备性能较差、稳定性不好，也不会配置冗余的电源、线路等提升可靠性的条件，因此可能导致无线网络瘫痪。将 AC 接在接入层设备上不能很好地利用 AC 本身的 NAT 和其他一些功能。另外，位于其他区域的接入层工作站访问 AC 时，需要通过核心层再连接到接入层，然后再到 AC，这样访问的路径就比较远、效率较低。

在不增加网络设备的前提下，要防止外网用户对本网络进行攻击，路由器是内外网衔接的门户，在路由器上配置 NAT 策略，内部所有主机的私有 IP 经过地址转换后，对外网显示的只是一个公网 IP 或者是一段公网 IP，从而实现了对内部网络的隐藏。

"使用 Web 页面进行认证后上网"，可见这是一种基于 Web Portal 的认证方式，这种方式最大的特点是不需要安装专门的认证客户端，而是通过浏览器把访问页面强制定位到 Web 认证页面。

参考答案

（1）存在单点故障和性能瓶颈。

（2）不能很好地利用 AC 的 NAT、HDCP 功能。性能差，稳定性不好，其他区域的站点访问距离远，效率低。

（3）C　（4）B

【问题 2】试题解析

无线局域网通常有 11 个或 13 个信道，在进行无线网络覆盖时，为了避免信道之间相互干扰，通常采用的信道分配方式是 1、6、11 信道交替使用。

无线信号采用的载频为 2.4GHz 或 5GHz，频率相对比较高，信号的波长比较短，因此在穿透障碍物时容易造成严重的信号衰减，大楼内相邻的办公室共用一台 AP，AP 发出的信号会因为墙壁的阻隔造成比较严重的信号衰减。

目前的无线网络部署中，对 AP 的供电可以采用 POE（Power Over Ethernet）方式或 DC 电源适配器方式。

无线信号场强的基本单位是 dBm（decibel relative to one milliwatt），一般信号强度在-30～-120dBm 之间。值越小，信号越好。

参考答案
（5）C　　（6）D　　（7）POE　　（8）室内

【问题 3】试题解析
结构化布线系统中，核心交换机到楼层交换机的布线通常称为<u>干线子系统</u>。干线子系统主要用于连接设备间的核心交换机和楼层交换机。1000BASE-SX 标准使用的波长为 850nm，根据不同的纤芯内径/包层后外径，又分为 62.5/125μm 多模光纤和 50/125μm 多模光纤。62.5/125μm 多模光纤的最大传输距离为 220m，50/125μm 多模光纤的最大传输距离为 550m。

参考答案
（9）C　　（10）B

试题二

【问题 1】试题解析
从日志图中可以看到攻击类型为 ACK flood，是一种典型的洪水攻击，这种攻击属于拒绝服务（Denial of Service，DoS）或者分散式阻断服务（Distributed Denial of Service，DDoS）攻击，从选项来看，空（1）只有 C 满足条件。类似的洪水攻击都属于拒绝服务类，因此选项 F、G 都属于拒绝服务攻击。

参考答案　（1）C　　（2）F　　（3）G

【问题 2】试题解析
根据题干"经判断该网络有用户私接路由器"和"发现该用户通过 DHCP 获取到 192.168.1.0/24 网段的地址，而公司该楼层分配的地址段为 10.10.10.1/24"可以断定，是因为用户私接的路由器分配了非法地址导致网络不正常，解决私接 DHCP 服务器的基本方法是启用 <u>DHCP Snooping</u> 功能，避免非法 DHCP 服务器。

第（5）空，根据题干"可防止公司内部电脑感染病毒，伪造 MAC 地址攻击网关。"显然是要解决 ARP 攻击行为，因此需要开启 ARP detection 功能。

第（6）空是命令配置，要开始端口安全功能，当然是 enable，华为的很多协议的开启都是使用 enable。

第（7）空，根据题干"接入交换机配置限制每个端口只能学习 1 个终端设备的 MAC 地址"可以知道交换机的端口 mac number 是 1。

参考答案　（4）D　　（5）A　　（6）enable　　（7）1

【问题 3】试题解析
RAID5 把数据和相对应的<u>奇偶校验信息</u>存储到组成 RAID5 的各个磁盘上，并且奇偶校验信息和相对应的数据分别存储于不同的磁盘上，因此，任意一块磁盘的内容，都可从其余的 N-1（N 表示 RAID5 阵列中的磁盘总数，且 $N \geq 3$）块磁盘上恢复出来，也就是说<u>相当于有一块磁盘容量的空间用于存储奇偶校验信息</u>。因此当 RAID5 的一个磁盘发生损坏后，不会影响数据的完整性，从而保证了数据安全。当损坏的磁盘被替换后，RAID 还会自动利用剩下奇偶校验信息去重建此磁盘上的数据，从而保持 RAID5 的高可靠性。

参考答案　（8）校验　　（9）3

【问题 4】试题解析

快照是通过软件对磁盘子系统的数据进行快速扫描，从而建立一组指向该数据的指针，这个过程不需复制任何数据，因此速度极快，且可在业务不中断的基础上进行。

参考答案　（10）A

试题三

【问题 1】试题解析

OSPF 路由可以通过路由引入的方式在 BGP 进程进行重发布，此类场景通常通过多台设备协同配置路由策略防环，如果引入路由的设备路由策略配置不当，可能导致路由环路。为了避免该问题，可以在 OSPF 引入路由时，配置环路检测功能。

参考答案

原因：OSPF 路由可以通过路由引入的方式在 BGP 进程进行重发布。

【问题 2】试题解析

OSPF 认证是基于网络安全性的要求而实现的一种加密手段，通过在 OSPF 报文中增加认证字段对报文进行加密。OSPF 认证分为接口认证和区域认证，认证方式可以分为空认证、简单认证、MD5 认证、Keychain 认证、HMAC-SHA256 认证。题干命令片段中，authentication-mode simple ruankao 中的 simple 是指使用简单认证方式。

```
authentication-mode simple [plain SPlainText | [cipher] SCipherText ]
```

其中，plain 表示简单口令类型；cipher 表示密文口令类型。缺省情况下，simple 验证模式默认是 cipher 类型。而 plain 模式下只能键入明文口令，在查看配置文件时以明文方式显示口令。

参考答案

（1）100　　（2）10.12.0.2　　（3）10.12.0.1　　（4）10.10.10.0　0.0.0.255

（5）区域认证和接口认证，RC 使用区域认证

（6）authentication-mode simple ruankao 默认是加密方式处理认证密码，若是用 authentication-mode simple plain ruankao，则使用明文处理认证密码。

【问题 3】试题解析

第（7）空：从题干命令"import-route bgp permit-ibgp"可以知道，默认情况下 IGP 引入 BGP 只能引入 EBGP 路由，无法引入 IBGP 路由，本操作是允许将 IBGP 路由引入 IGP 中。

第（8）空：根据上面的配置解释"#配置编号为 2000 的 ACL，禁止 10.10.10.0/24 通过"，表示这是要对这个地址块的地址进行限制，因此填 10.10.10.0。

第（9）空：根据 if-match acl 可知是要匹配某个 ACL，而这个 ACL 就是之前定义的 ACL 2000，因此填 2000。

第（10）空：从 import-route ospf 命令可以看到，后面应该跟某个策略，而题干中之前定义了一个策略"route-policy rp"，显然这里是引用该策略。

第（11）空：使能 BGP 环路检测功能的命令为 Route loop-detect bgp enable，该功能开启后，当设备发现 BGP 路由环路后会告警。但是由于设备无法自动检测环路问题是否被解决，所以用户

需要在检查并排除路由环路问题后执行 clear route loop-detect bgp alarm 命令以手动清除 BGP 环路告警。

参考答案

（7）允许将 IBGP 路由引入 IGP 中　　（8）10.10.10.0　　（9）2000

（10）route-policy rp　　（11）loop-detect

试题四

【问题 1】试题解析　PoE 是通过现有的网线向设备供电、既可以提供电力支持也可以提供数据传输的一类设备，因此第（1）空选择 A，第（2）空选择 C，这两空可以交换顺序。在 PoE 供电方式中既可以采用空闲引脚，也可以采用数据引脚进行供电，因此第（3）空选择 F。在使用空闲引脚供电时，4、5 号引脚的线对连接供电的正极，7、8 引脚连接供电的负极。

参考答案　（1）A　　（2）C　　（3）F　　（4）B　　（5）D

【问题 2】试题解析　本题是网络工程师考试中经典的华为设备命令填空或者解释题。今年的考试题目相对比较容易，虽然考的内容与 PoE 相关，但是考查的形式变成了选择题，因此就算对配置操作不是特别熟悉，相对来说却是更加容易。做这一类题目的重要技巧是"结合上下文"。

第（6）空：根据上下文可以知道是从用户视图进入系统视图，因此是 system view，选 F。

第（7）空：根据上下文同样可以知道，这是给设备命名，使用者是 sysname，选 A。

第（8）空：是指定 PoE 的电源管理模式，如果我们熟悉 PoE 的配置，就知道其电源管理模式只有 auto 或者 manual 两种，而选项中没有 manual，所以只能选 E。

第（9）空：从命令 poe power 的英文字面意思，就可以知道是设置 PoE 的功率。题干中要求 IP 电话功率不超过 5W，根据拓扑图可知交换机 GE0/0/1 接口对应的是 IP 电话，因此此接口的功率不能超过 5W，即 5000mW，因此选 B。

第（10）空：从命令的英文字面意思，可知是为设备设置供电优先级。题干要求 IP 电话的优先级要低于 AP 的优先级。华为 PoE 中，对优先级为 Critical 的端口连接的 PD 设备供电的优先级最高，其次为优先级为 High 的端口，因此这里只能选择优先级相对较低的 high。

第（11）空：与第（9）空同理，选择 I。

第（12）空：与第（10）空同理，选择 G。

第（13）空：从下一行命令，可以看出本行命令是要进入 3 号接口，选择 J。

第（14）空：从给出的参数可以看出是需要设置时间范围，因此使用 time-range。

第（15）空：从命令执行后的返回信息来看，应是要给设备配置定时下电，因此是 power-off，选择 D。

参考答案

（6）F　　（7）A　　（8）E　　（9）B　　（10）H　　（11）I　　（12）G　　（13）J

（14）C　　（15）D

网络工程师 机考冲刺卷
基础知识卷

- 在彩光网络中,用于将一根光纤中的多波长信号分离为单个波长信号的设备是 (1) 。
  (1) A. 光合波器　　　　B. 光分波器　　　　C. 光放大器　　　　D. 光调制器
- 以下关于中断的说法,正确的是 (2) 。
  (2) A. 中断响应时间是指计算机接收到中断信号到操作系统作出响应,并完成转入中断服务程序的时间
  　　B. 中断控制由专门的中断控制器进行处理,无需 CPU 参与
  　　C. 中断向量是中断服务程序执行成功与否的状态标记
  　　D. 中断响应时间是 CPU 发出中断查询信号所需要的时间
- 计算机系统断电后,会丢失数据的硬件是 (3) 。
  (3) A. RAM　　　　　　B. ROM　　　　　　C. Flash　　　　　　D. 磁盘
- 在 CPU 访问内存过程中,Cache 的作用是 (4) 。
  (4) A. 提高主存的访问效率　　　　　　B. 提升 DMA 访问内存的效率
  　　C. 提升 CPU 访问内存的正确率　　D. 提升 CPU 访问内存的效率
- 我国著作权法中, (5) 系指同一概念。
  (5) A. 出版权与版权　　　　　　　　　B. 著作权与版权
  　　C. 作者权与专有权　　　　　　　　D. 发行权与版权
- 在进程转换时, (6) 转换是不可能发生的。
  (6) A. 就绪态到运行态　　　　　　　　B. 运行态到阻塞态
  　　C. 阻塞态到就绪态　　　　　　　　D. 阻塞态到运行态
- 在开发一个系统时,由于应用环境复杂,用户对系统的目标尚不是很清楚,难以定义需求,这时最好使用 (7) 。
  (7) A. 原型法　　　　　B. 瀑布模型　　　　C. V 模型　　　　　D. 螺旋模型
- 项目考虑的三要素不包括 (8) 约束。
  (8) A. 项目收益　　　　B. 项目时间　　　　C. 项目成本　　　　D. 项目范围
- 网络通信中,常用光功率的单位是 (9) 。
  (9) A. mw　　　　　　　B. dBm　　　　　　C. dB　　　　　　　D. dBu
- 电子邮件发送失败时 (10) 。
  (10) A. 删除并返回原因　　　　　　　　B. 一直投递直至送达
  　　　C. 退回邮件不给出原因　　　　　　D. 退回邮件并给出原因

- ___(11)___ 不属于数据链路层的功能。
  (11) A．路由选择　　　B．帧同步　　　C．差错检测　　　D．建立连接
- 某采用 4B/5B 编码传输信息的信道支持最大数据速率为 2500b/s，若调制前信号的波特率为 1000Baud，则信号的调制技术为___(12)___。
  (12) A．BPSK　　　B．QPSK　　　C．BFSK　　　D．ASK
- 分布式存储系统规划时至少要___(13)___个节点。
  (13) A．2　　　B．4　　　C．3　　　D．1
- 计算机使用通信效率为 80%，速度为 12.5kb/s 的异步通信传输文件，则传输 125KB 的文件至少需要___(14)___秒。
  (14) A．10　　　B．80　　　C．100　　　D．102.4
- 结构化综合布线设计中，工作区子系统的信息插座距离地面___(15)___cm。
  (15) A．15　　　B．30　　　C．60　　　D．5
- 中华人民共和国数据安全法的管辖范围是___(16)___。
  (16) A．我国境内　　　　　　　B．境内和境外
  　　　C．我国局部地区　　　　　D．境外
- 以下指标中不属于光缆系统测试指标的是___(17)___。
  (17) A．最大衰减限值　　　　　B．回波损耗限值
  　　　C．近端串扰　　　　　　　D．波长窗口参数
- 关于 HDLC 协议的叙述，正确的是___(18)___。
  (18) A．是一种面向字符的数据链路层协议
  　　　B．当控制字段 C 为 8 位长时，发送顺序号和接收顺序号的变化范围是 0～15
  　　　C．无编号帧主要实现提供对链路的建立、拆除以及多种控制功能
  　　　D．HDLC 为保证数据的透明传输，定义了多种转义字符
- ___(19)___技术可以实现两层 VLAN 标签封装，内层标签用于私网，外层标签用于公共网络。
  (19) A．QinQ　　　B．VLAN tag　　　C．trunk　　　D．VXLAN
- 国密 SSL 算法的摘要算法是___(20)___。
  (20) A．SM2 with SM3　　　B．RSA s　　　C．ECC　　　D．SM3
- TCP 首部提供的序号能达到___(21)___而不重复出现的能力。
  (21) A．1024MB　　　B．2048 MB　　　C．4096 MB　　　D．8192 MB
- 建立 TCP 连接某个应用进程，在本机端 TCP 中发送一个 FIN=1 的分组，以下说法不正确的是___(22)___。
  (22) A．当一方完成它的数据发送任务后就可以发送一个 FIN 字段置 1 的数据段来终止这个方向的数据发送
  　　　B．当另一端收到这个 FIN 数据段后，必须通知它的应用层"对端已经终止了那个方向的数据传送"
  　　　C．本地端进入 FIN WAIT 1 状态，等待对方的确认
  　　　D．当本地端收到对端的 ACK 数据段后便进入 CLOSE 状态

- 在采用 CSMA/CD 控制方式的总线网络上，若 τ=总线的单程传播时间，T=发送一个帧的时间（帧长/数据率），若定义 a=τ/T，则总线的信道利用率最大值约为__(23)__。

  (23) A. $\dfrac{1}{1+a}$ B. $\dfrac{a}{1+a}$ C. $\dfrac{a}{1+2a}$ D. $\dfrac{1}{1+2a}$

- 按照 kerckhoffs 原则，密码系统的安全性主要依赖于__(24)__。

  (24) A. 加密算法 B. 解密算法 C. 密钥 D. 主体双方/通信双方

- 一台华为交换机与一台其他厂商的交换机相连，互联端口都工作在 VLAN Trunk 模式下，这两个端口应该使用的 VLAN 协议分别是__(25)__。

  (25) A. QinQ 和 IEEE 802.10
       B. 802.10 和 802.1Q
       C. DQDB 和 IEEE 802.1Q
       D. IEEE 802.1Q 和 IEEE 802.1Q

- 光接入网络中，在上行与下行方向传输数据中不使用 TDMA 技术的是__(26)__。

  (26) A. WDM-PON B. EPON C. GPON D. XGPON

- 配置 SMTP 服务器时，邮件服务器中必须开放 TCP 的__(27)__端口。

  (27) A. 21 B. 25 C. 53 D. 110

- IPv6 全局单播地址是__(28)__。

  (28) A. FE00::/12 B. FE::/10 C. 2000::/3 D. FF::/10

- 在 Windows 命令行窗口中使用__(29)__命令可以释放 DHCP 服务器分配的地址。

  (29) A. ipconfig B. ipconfig/all C. ipconfig/renew D. ipconfig/release

- 磁盘冗余阵列中 RAID0 的磁盘利用率为__(30)__。如果利用 3 个 500GB 的盘组成 RAID5 阵列，则阵列的容量为__(31)__。

  (30) A. 25% B. 50% C. 75% D. 100%
  (31) A. 250GB B. 500GB C. 1000GB D. 1500GB

- 在 X.509 标准的数字证书中，要辨别该证书的真伪，可以使用__(32)__进行验证。

  (32) A. 用户的公钥 B. CA 的公钥 C. 用户的私钥 D. CA 的私钥

- 两个公司需要通过 Internet 传输大量的商业机密信息，为了确保信息的安全，要实现从信息源到目的地之间的传输数据全部以密文形式出现，最合适的加密方式是__(33)__，使用会话密钥算法效率最高的是__(34)__。

  (33) A. 链路加密 B. 节点加密 C. 端—端加密 D. 混合加密
  (34) A. RSA B. AES C. MD5 D. SHA-1

- 使用 CIDR 技术把 4 个 C 类网络 212.224.12.0/24、212.224.13.0/24、212.224.14.0/24 和 212.224.15.0/24 汇聚成一个超网，得到的地址是__(35)__。

  (35) A. 212.224.8.0/22 B. 212.224.12.0/22 C. 212.224.8.0/21 D. 212.224.12.0/21

- 某公司的网络地址是 199.74.128.0/17，被划分成 10 个子网，下面的选项中不属于这 16 个子网的地址是__(36)__。

  (36) A. 199.74.136.0/21 B. 199.74.162.0/21 C. 199.74.208.0/21 D. 199.74.224.0/21

- 以下地址中不属于网络 129.177.96.0/20 的主机地址的是__(37)__。

  (37) A. 129.177.111.17 B. 129.177.104.16 C. 129.177.101.15 D. 129.177.112.18

- 当客户机由于网络故障而找不到 DHCP 服务器时，会自动获得一个临时的 IP 地址，则此地址最有可能是 __(38)__ 。

  (38) A. 196.254.1.1　　　　　　　　　B. 0.0.0.0
  　　　C. 169.254.1.1　　　　　　　　　D. 255.255.255.255

- 管理员要测试目标 192.168.99.221 在 1500 字节的大数据包情况下的数据连通性，则在 DOS 窗口中键入命令 __(39)__ 。

  (39) A. ping 192.168.99.221 -t 1500　　B. ping 192.168.99.221 -l 1500
  　　　C. ping 192.168.99.221 -r 1500　　D. ping 192.168.99.221 -j 1500

- FTP 需要建立 __(40)__ 个连接，当服务器工作于 Passive 模式时，其数据连接的端口号是 __(41)__ 。

  (40) A. 1　　　　B. 2　　　　C. 3　　　　D. 4
  (41) A. 20　　　　　　　　　　　　　　B. 21
  　　　C. 由用户确定的一个随机数　　　　D. 由服务器确定的一个随机数

- 用户发出 HTTP 请求后，收到状态码为 500 的响应，出现该现象的原因是 __(42)__ 。

  (42) A. 页面请求正常，数据传输成功　　B. 服务器内部错误
  　　　C. 服务器端 HTTP 版本不支持　　　D. 请求资源未授权

- 管理员在 Router 上进行了如下配置，完成之后，在该路由器的 GE1/0/0 接口下连接了一台交换机，则关于此交换机上连接的 DHCP 客户端的 IP 地址的描述，正确的是 __(43)__ 。

```
[Router]ip pool pool1
[Router-ip-pool-pool1]network 10.10.10.0 mask 255.255.255.0
[Router-ip-pool-pool1]gateway-list 10.10.10.1
[Router-ip-pool-pool1]quit
[Router]ip pool pool2
[Router-ip-pool-pool2]network 10.20.20.0 mask 255.255.255.0
[Router-ip-pool-pool2]gateway-list 10.20.20.1
[Router-ip-pool-pool2]quit
[Router]interface GigabitEthernet 1/0/0
[Router-GigabitEthernet 1/0/0]ip address 10.10.10.1 24
[Router-GigabitEthernet 1/0/0]dhcp select global
```

  (43) A. 获取的 IP 地址属于 10.10.10.0/24 网络

  　　　B. 获取的 IP 地址属于 10.20.20.0/24 网络

  　　　C. 主机获取不到 IP 地址

  　　　D. 获取的 IP 地址可能属于 10.10.10.0/24 网络，也可能属于 10.20.20.0/24 网络

- 根据 CSMA/CD 协议，以太网局域网的往返时延是 100μs，传播速度是 200m/μs。设备发送的数据需要在最长不超过 __(44)__ 内检测到碰撞。

  (44) A. 100μs　　　B. 50μs　　　C. 150μs　　　D. 200μs

- 华为交换机 Access 类型的端口在发送报文时会 __(45)__ 。

  (45) A. 发送带 Tag 的报文

  　　　B. 剥离报文的 VLAN 信息，然后再发送出去

  　　　C. 添加报文的 VLAN 信息，然后再发送出去

  　　　D. 打上本端口的 PVID 信息，然后再发送出去

● 如果用户 test 要在 UOS 操作系统中执行一个系统脚本文件，则其至少应该具备 __(46)__ 权限。
　（46）A．读、写、执行　　　B．执行　　　C．只读　　　D．读、执行
● 下列地址中，是 IPv6 可聚合全球单播地址的是 __(47)__ ，无状态地址自动配置技术让主机几乎不需要任何配置即可获得 IPv6 地址并和外界通信，关于 IPv6 无状态地址自动配置的说法中，错误的是 __(48)__ 。
　（47）A．2001::1　　　B．FE80::1　　　C．FEC0::1　　　D．FF02::1
　（48）A．前缀一般由路由器向主机发送，为路由器的前缀
　　　　 B．64 位接口 ID 由主机 MAC 地址自动生成
　　　　 C．地址自动配置技术除了获得地址参数外，还可以获得如跳数、MTU 等信息
　　　　 D．IPv6 地址由接口自动根据算法随机生成
● 在 UOS Linux 系统中，硬盘、U 盘等设备属于 __(49)__ 。
　（49）A．字符设备　　　B．网络设备　　　C．块设备　　　D．虚拟设备
● 在进行 WLAN 网络建设时，经常使用的协议是 IEEE 802.11b/g/n，采用的共同工作频带为 __(50)__ 。其中为了防止无线信号之间的干扰，IEEE 将频段分为 13 个信道，其中仅有 3 个信道是完全不干扰的，它们分别是 __(51)__ 。
　（50）A．2.4GHz　　　B．5GHz　　　C．1.5GHz　　　D．10GHz
　（51）A．信道 1、6 和 13　　　　　　　B．信道 1、7 和 11
　　　　 C．信道 1、7 和 13　　　　　　　D．信道 1、6 和 11
● 如下图所示网络结构，当 Switch1 和 Switch2 都采用默认配置时，PC2 和 PC4 之间不能通信，其最可能的原因是 __(52)__ 。如果要解决此问题，最简单的解决方法是 __(53)__ 。

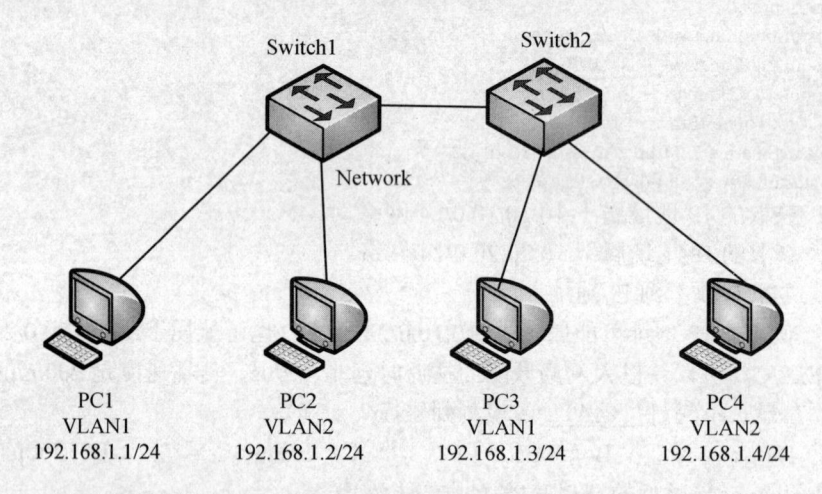

```
              Switch1        Switch2
                       Network

    PC1           PC2           PC3           PC4
    VLAN1         VLAN2         VLAN1         VLAN2
    192.168.1.1/24 192.168.1.2/24 192.168.1.3/24 192.168.1.4/24
```

　（52）A．PC2 和 PC4 的 IP 地址被交换机禁止通过
　　　　 B．Switch1 与 Switch2 之间的链路封装不正确
　　　　 C．PC2 和 PC4 的 MAC 地址被交换机禁止通过
　　　　 D．Switch1 与 Switch2 之间的链路断路

(53) A. 把 Switch1 和 Switch2 连接端口配置为 Trunk 模式
    B. 把 Switch1 和 Switch2 连接端口配置为 Access 模式
    C. 把 Switch1 和 Switch2 设置配置为服务器模式
    D. 把 Switch1 和 Switch2 设置配置为客户端模式

● 按照 IEEE 802.3 标准，以太帧的最大传输效率为__(54)__。
  (54) A. 50%   B. 87.5%   C. 90.5%   D. 98.8%

● 在 OSPF 协议中，下列关于 DR 的描述，错误的是__(55)__。
  (55) A. 本广播网络中所有的路由器都将共同与 DR 选举
    B. 若两台路由器的优先级值不同，则选择优先级值较小的路由器作为 DR
    C. 若两台路由器的优先级值相等，则选择 Router ID 大的路由器作为 DR
    D. DR 和 BDR 之间也要建立邻接关系

● 某企业网络的员工工作时使用的软件，需要同时打开 10 个端口号，目前该公司的 NAT 服务器只有一个公网 IP 地址，则该公司能同时工作的用户数上限大约是__(56)__。
  (56) A. 6451   B. 3553   C. 1638   D. 102

● PON 系统组成包括 OLT、光分配网络 ODN 和__(57)__。
  (57) A. ONU   B. OTN   C. Splitter   D. POTS

● SNMP 采用 UDP 提供数据报服务，这是由于__(58)__。
  (58) A. UDP 比 TCP 更加可靠
    B. UDP 数据报文可以比 TCP 数据报文大
    C. UDP 是面向连接的传输方式
    D. 采用 UDP 实现网络管理不会增加太多网络负载

● 使用 nmcli 为"office"连接设置静态 IP 192.168.1.100/24，网关为 192.168.1.1，正确的命令是__(59)__。
  (59) A. nmcli con mod office ipv4.addresses 192.168.1.100/24 ipv4.gateway 192.168.1.1
    B. nmcli con add office static-ip 192.168.1.100
    C. nmcli device set office ip 192.168.1.100
    D. nmcli ip assign office 192.168.1.100

● BGP 协议的作用是__(60)__。
  (60) A. 用于自治系统之间的路由器之间交换路由信息
    B. 用于自治系统内部的路由器之间交换路由信息
    C. 用于 area 0.0.0.0 中路由器之间交换路由信息
    D. 用于运行不同路由协议的路由器之间交换路由信息

● 关于 RIPv1，以下选项中错误的是__(61)__。
  (61) A. RIP 使用距离矢量算法计算最佳路由   B. RIP 只更新变化的那一部分路由信息
    C. RIP 默认的路由更新周期为 30 秒   D. RIP 是一种内部网关协议

● 100BASE-TX 采用 4B/5B 编码，这种编码方式的效率为__(62)__。
  (62) A. 50%   B. 60%   C. 80%   D. 100%

- 某系统集成工程进入测试阶段后，工程师对某信息点的网线进行测试时，发现有4根线不通，但计算机仍然能利用该网线连接上网，则这4根线可能是__(63)__。为了确定网线的线序和近端串扰，最合适的测试方式是__(64)__。

  (63) A. 1-2-3-4　　　　B. 5-6-7-8　　　　C. 1-2-3-6　　　　D. 4-5-7-8

  (64) A. 采用专用网络测试设备测试　　　　B. 利用万用电表测试

  　　 C. 一端连接计算机测试　　　　　　　D. 串联成一根线测试

- IntServ 是 QoS 的一种方式，它的主要协议是__(65)__。

  (65) A. SLA　　　　B. RSVP　　　　C. ITS　　　　D. VPN

- 如果企业内部网使用了私用 IP 地址，当需要与其他分支机构用 IPSec VPN 连接时，应该采用__(66)__技术。

  (66) A. 隧道技术　　B. 加密技术　　C. 消息鉴别技术　　D. 数字签名技术

- 用 CAT5 UTP 作为通信介质直接为两台交换机之间提供连接，则两台交换机之间的最大距离是__(67)__。

  (67) A. 100m　　　　B. 205m　　　　C. 500m　　　　D. 2500m

- 在网络设计中，确定网络系统的建设目的，明确网络系统要求实现的功能是网络设计__(68)__阶段的主要任务。

  (68) A. 网络需求分析　　　　　　　B. 网络体系结构设计

  　　 C. 网络设备选型　　　　　　　D. 网络安全性设计

- 在层次化园区网络设计中，__(69)__是汇聚层的功能。

  (69) A. 高速数据传输　　　　　　　B. VLAN 路由

  　　 C. 广播域的定义　　　　　　　D. MAC 地址过滤

- 下图为某系统集成项目的网络工程计划图，至少需要投入__(70)__人才能完成该项目（假设每个技术人员均能胜任每项工作）。

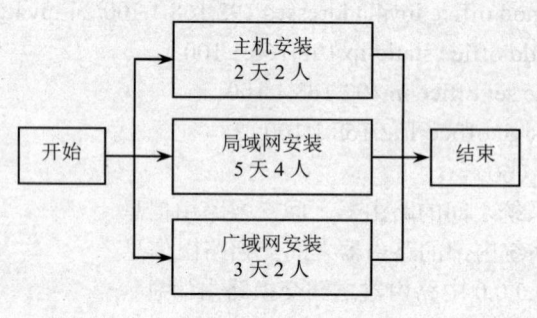

  (70) A. 2　　　　B. 4　　　　C. 6　　　　D. 8

- The network layer provides services to the transport layer. It can be based on either __(71)__. In both cases, its main job is __(72)__ packets from the source to the destination.

  In network layer, subnets can easily become congested, increasing the delay and __(73)__ for packets. Network designers attempt to avoid congestion by proper design. Techniques include __(74)__ policy, caching, flow control, and more.

The next step beyond just dealing with congestion is to actually try to achieve a promised quality of service. The methods that can be used for this include buffering at the client, traffic shaping, resource __(75)__, and admission control. Approaches that have been designed for good quality of service include integrated services (including RSVP), differentiated services, and MPLS.

（71）A. virtual circuits or datagrams　　B. TCP or UDP
　　　C. TCP or IP　　　　　　　　　　D. IP or ARP
（72）A. dealing with　　　　　　　　　　B. routing
　　　C. sending　　　　　　　　　　　　D. receiving
（73）A. lowering the throughput　　　　　B. lowering the correctness
　　　C. lowering the effectiveness　　　　D. lowering the preciseness
（74）A. abandonment　　　　　　　　　　B. retransmission
　　　C. checksum　　　　　　　　　　　D. synchronism
（75）A. distribution　　　　　　　　　　 B. guarantee
　　　C. scheme　　　　　　　　　　　　D. reservation

网络工程师 机考冲刺卷
应用技术卷

试题一（共20分）

阅读以下说明，回答【问题1】至【问题3】，将解答填入答题纸对应的解答栏内。

【说明】某公司网络拓扑如图 1-1 所示，从 R1 到 R2 有两条转发路径，下一跳分别为 R2 和 R3。由于 R1 和 R2 之间的物理距离较远，通过一个二层交换机 SW1 作为中继。假设所有设备均已完成接口 IP 地址配置。

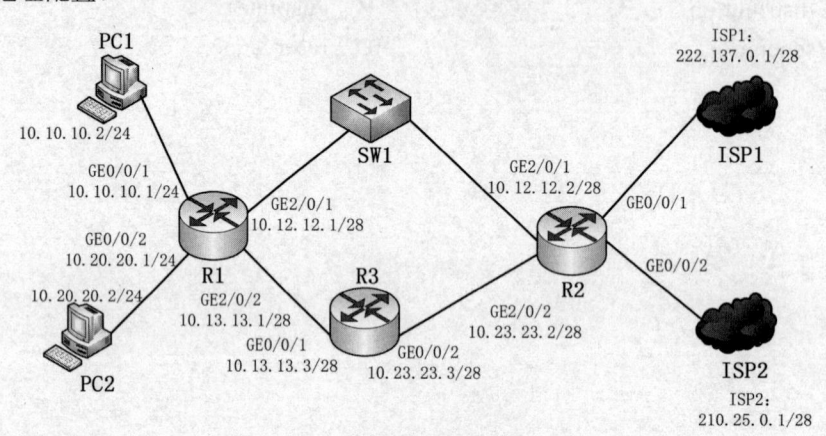

图 1-1 某公司网络拓扑

【问题1】（2分）

从 PC1 发出的目的地址为 ISP1 的 IP 报文，默认将发到 R2 的 GE2/0/1。PC1 构造帧时，是否需要获得该接口的 MAC 地址？

【问题2】（10分）

假设 R2 不支持 BFD，要求 R1 上使用静态路由与 BFD 联动技术，实现当 R1 到 R2 之间的链路故障时，R1 能切换至 R3。补全命令：

```
[R1] bfd
[R1-bfd] bfd R1toR2 bind peer-ip  (1)   interface GigabitEthernet 2/0/1 one-arm-echo
[R1-bfd-R1toR2] discriminator local 1
[R1-bfd-R1toR2]   (2)     //提交配置
[R1] ip route-static 0.0.0.0 0.0.0.0 GigabitEthernet 2/0/1   (3)   track   (4)   R1toR2
[R1] ip route-static 0.0.0.0 0.0.0.0 GigabitEthernet 2/0/2 10.13.13.3 preference 100   //该条命令的作用   (5)
```

【问题3】（8分）

路由器 R2 为接入网关，为用户提供双链路接入，通过静态 IP 接入运营商，要求在 R2 上行接口配置 NAT，使内网访问 Internet。

```
[R2] acl number 3001
[R2-acl-3001] rule 5 permit ip source 10.0.0.0  (6)
[R2] quit
[R2] int g0/0/1
[R2-gig0/0/1] nat  (7)  3001
[R2-gig0/0/1] quit
[R2] ip route-static 0.0.0.0 0.0.0.0 222.137.0.1
[R2] ip route-static 0.0.0.0 0.0.0.0 210.25.0.1
[R2] ip load-balance hash src-ip
```

上述三条命令的功能是 (8) 。

试题二（共 20 分）

阅读以下说明，回答【问题 1】至【问题 4】，将解答填入答题纸的对应栏内。

【说明】某单位网络拓扑如图 2-1 所示，终端设备的网关配置在核心层，全网采用 QinQ 技术实现。

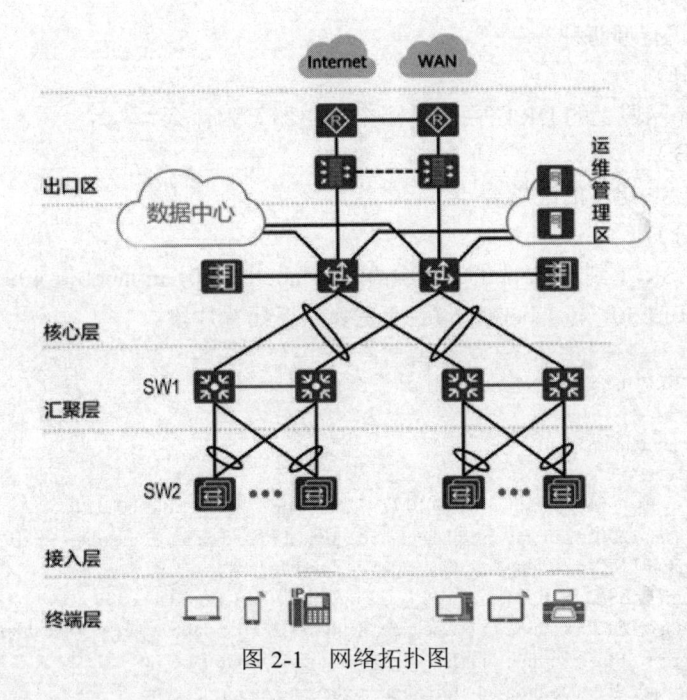

图 2-1 网络拓扑图

【问题 1】（4 分）
网络中核心层设备、汇聚层设备、链路可采用的冗余技术有哪些？

【问题 2】（3 分）
如图所示的网络中是否需要部署生成树（STP）技术来避免网络环路？

【问题 3】（8 分）
运维管理区应该部署哪些常用的系统或设备，列举出至少 4 个。

【问题4】(5分)

请简要回答上图拓扑中部署内外层标签的位置，以及采用 QinQ 实现终端隔离的好处。

试题三（共20分）

阅读以下说明，回答【问题1】至【问题4】，将解答填入答题纸的对应栏内。

【说明】某网络拓扑图如图 3-1 所示，各节点均支持 MPLS，运行 OSPF 作为 MPLS 骨干网上的 IGP。现在要求在 LSR_1 和 LSR_3 之间建立静态 LSP。

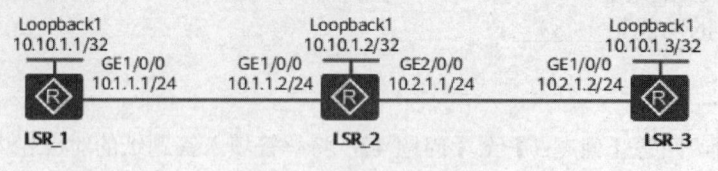

图 3-1　网络拓扑图

【问题1】(4分)

建立 LSP 的方式有哪两种？

【问题2】(2分)

图中 10.2.1.0/24 网段上的 DR 路由器是哪个路由器？为什么？

【问题3】(6分)

简要说明静态 LSP 组网的配置要点。

【问题4】(8分)

管理员手工为 LSR_1 到 LSR_3 的路径分配 out-label 值 20，in-label 值 40；为 LSR_3 到 LSR_1 的路径分配 out-label 值 30，in-label 值 60，请完善以下配置片段。

```
# 配置 LSR_1。
[LSR_1] mpls lsr-id 10.10.1.1 //  （1）      #解释命令作用
[LSR_1] mpls
[LSR_1] interface gigabitethernet 1/0/0
[LSR_1-GigabitEthernet1/0/0]   （2）
[LSR_1] static-lsp   （3）    LSP1 destination 10.10.1.3 32 nexthop   （4）   out-label 20
[LSR_2] static-lsp transit LSP1 incoming-interface gigabitethernet 1/0/0 in-label 20 nexthop 10.2.1.2 out-label 40
[LSR_3] static-lsp egress LSP1 incoming-interface   （5）   in-label 40
[LSR_3] static-lsp ingress LSP2 destination   （6）   32 nexthop 10.2.1.1 out-label 30
[LSR_2] static-lsp transit LSP2 incoming-interface gigabitethernet 2/0/0 in-label   （7）   nexthop 10.1.1.1 out-label   （8）
[LSR_1] static-lsp egress LSP2 incoming-interface gigabitethernet 1/0/0 in-label 60
[LSR_1] static-lsp egress LSP2 incoming-interface gigabitethernet 1/0/0 in-label 60
```

试题四（共15分）

阅读以下说明，回答【问题1】至【问题2】，将解答填入答题纸的对应栏内。

【说明】某全国连锁企业的总部和分布在全国各地的 30 家分公司之间经常需要传输各种内部数据，因此公司决定在总部和各分公司之间采用 VPN 技术连接。具体网络拓扑如图 4-1 所示。

配置部分只显示了总部与分公司 1 的配置。

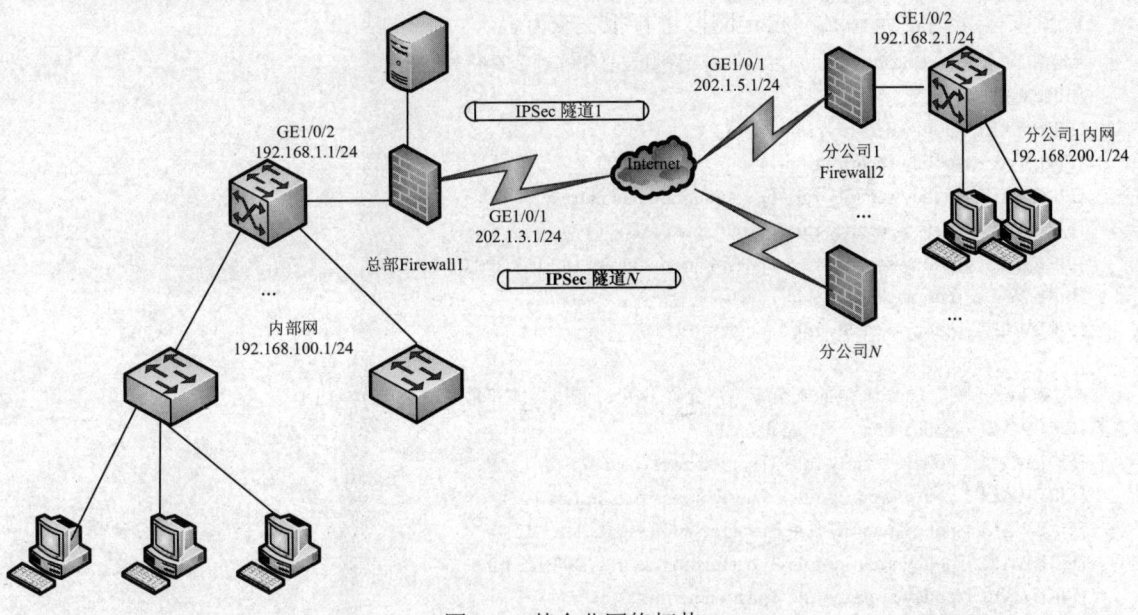

图 4-1 某企业网络拓扑

【问题 1】(2 分)
在总部与分公司之间相连的 VPN 方式是__(1)__，在 IPSec 工作模式中有传输模式和隧道模式，其中将源 IP 数据包整体封装后再进行传输的模式是__(2)__。
(1) 备选答案：
A．站点到站点　　　　B．端到端　　　　C．端到站点

【问题 2】(13 分)
请将相关配置补充完整。
总部防火墙 Firewall1 的部分配置如下。

```
<FIREWALL1> (3)
[FIREWALL1] interface (4)
[FIREWALL1-GigabitEthernet1/0/2] ip address (5)
[FIREWALL1-GigabitEthernet1/0/2] quit
[FIREWALL1] interface GigabitEthernet 1/0/1
[FIREWALL1-GigabitEthernet1/0/1] ip address 202.1.3.1 24
[FIREWALL1-GigabitEthernet1/0/1] quit
#配置接口加入相应的安全区域
[FIREWALL1] firewall zone trust
[FIREWALL1-zone-trust] add interface (6)
[FIREWALL1-zone-trust] quit
[FIREWALL1] (7)
```

155

[FIREWALL1-zone-untrust] add interface GigabitEthernet 1/0/1
[FIREWALL1-zone-untrust] quit

配置安全策略，允许私网指定网段进行报文交互。

#配置 Trust 域与 Untrust 域的安全策略，允许封装前和解封后的报文能通过
[FIREWALL1] __(8)__
[FIREWALL1-policy-security] rule name 1
[FIREWALL1-policy-security-rule-1] source-zone __(9)__
[FIREWALL1-policy-security-rule-1] destination-zone untrust
[FIREWALL1-policy-security-rule-1] source-address __(10)__
[FIREWALL1-policy-security-rule-1] destination-address 192.168.200.0 24
[FIREWALL1-policy-security-rule-1] action __(11)__
[FIREWALL1-policy-security-rule-1] quit
…
#配置 Local 域与 Untrust 域的安全策略，允许 IKE 协商报文能正常通过 FIREWALL1
[FIREWALL1-policy-security] rule name 3
[FIREWALL1-policy-security-rule-3] source-zone local
[FIREWALL1-policy-security-rule-3] destination-zone untrust
[FIREWALL1-policy-security-rule-3] source-address 202.1.3.1 32
[FIREWALL1-policy-security-rule-3] destination-address 202.1.5.1 32
[FIREWALL1-policy-security-rule-3] action permit
[FIREWALL1-policy-security-rule-3] quit
…

配置 IPSec 隧道。

#配置访问控制列表，定义需要保护的数据流
[FIREWALL1] __(12)__
[FIREWALL1-acl-adv-3000] rule permit __(13)__
[FIREWALL1-acl-adv-3000] quit
#配置名称为 tran1 的 IPSec 安全提议
[FIREWALL1] ipsec proposal tran1
[FIREWALL1-ipsec-proposal-tran1] encapsulation-mode __(14)__
[FIREWALL1-ipsec-proposal-tran1] transform esp
[FIREWALL1-ipsec-proposal-tran1] esp authentication-algorithm sha2-256
[FIREWALL1-ipsec-proposal-tran1] esp encryption-algorithm aes
[FIREWALL1-ipsec-proposal-tran1] quit
#配置序号为 10 的 IKE 安全提议
[FIREWALL1] __(15)__
[FIREWALL1-ike-proposal-10] authentication-method pre-share
[FIREWALL1-ike-proposal-10] authentication-algorithm sha2-256
[FIREWALL1-ike-proposal-10] quit
#配置 IKE 用户信息表
[FIREWALL1] ike user-table 1
[FIREWALL1-ike-user-table-1] user id-type ip 202.1.5.1 pre-shared-key Admin@gkys
[FIREWALL1-ike-user-table-1] quit
#配置 IKE Peer

```
[FIREWALL1] ike peer b
[FIREWALL1-ike-peer-b] ike-proposal 10
[FIREWALL1-ike-peer-b] user-table 1
[FIREWALL1-ike-peer-b] quit
#配置名称为 map_temp 序号为 1 的 IPSec 安全策略模板
[FIREWALL1] ipsec policy-template map_temp 1
[FIREWALL1-ipsec-policy-template-map_temp-1] security acl 3000
[FIREWALL1-ipsec-policy-template-map_temp-1] proposal tran1
[FIREWALL1-ipsec-policy-template-map_temp-1] ike-peer b
[FIREWALL1-ipsec-policy-template-map_temp-1] reverse-route enable
[FIREWALL1-ipsec-policy-template-map_temp-1] quit
#在 IPSec 安全策略 map1 中引用安全策略模板 map_temp
[FIREWALL1] ipsec policy map1 10 isakmp template map_temp
#在接口 GigabitEthernet 1/0/1 上应用安全策略 map1
[FIREWALL1] interface GigabitEthernet 1/0/1
[FIREWALL1-GigabitEthernet1/0/1] ipsec policy map1
[FIREWALL1-GigabitEthernet1/0/1] quit
```

网络工程师 机考冲刺卷
基础知识卷参考答案及解析

（1）**参考答案**：B

试题解析 光分波器（Demultiplexer）用于将一根光纤中的多波长信号分离为单个波长信号。

（2）**参考答案**：A

试题解析 中断响应时间是指计算机接收到中断信号到操作系统作出响应，并完成切换转入中断服务程序的时间。中断响应必须由处理器进行现场保存和恢复操作。其包含硬件对中断信号的反应时间和软件对中断信号的反应时间。

（3）**参考答案**：A

试题解析 RAM 中的数据需要定期刷新才能长时间地保存，否则数据会丢失，因此一直都需要电源支持。一旦断电，RAM 中的数据将会丢失。

（4）**参考答案**：D

试题解析 Cache 的主要作用是提高 CPU 访问主存的速度。Cache 可以显著提高计算机系统处理速度，能极大缓和中央处理器与主存储器之间速度不匹配的矛盾。

（5）**参考答案**：B

试题解析 广义的著作权，也称为版权，是指文学、艺术和科学作品等创作的作者或传播者对其作品所享有的人身权和财产权。所以，著作权与版权系指同一概念。

根据《中华人民共和国著作权法》第五十六条的规定，著作权即版权。

（6）**参考答案**：D

试题解析 由于调度程序的调度，可以将就绪状态的进程转入运行状态；当运行的进程由于分配的时间片用完了，也可以转入就绪状态；由于 I/O 操作完成，将阻塞状态的进程从阻塞队列中唤醒，使其进入就绪状态；还有一种情况就是运行状态的进程可能由于 I/O 请求的资源得不到满足而进入阻塞状态。网络工程师考试中，对进程的基本状态和变化条件是考试出题较多的知识点，因此掌握这个知识点是非常必要的。阻塞态等待的资源得到满足，可以进入就绪态，但是不能直接进入运行状态。

（7）**参考答案**：A

试题解析 原型法的第一步是建造一个快速原型，实现客户或未来的用户与系统的交互，用户或客户对原型进行评价，进一步细化待开发软件的需求。通过逐步调整原型使其满足客户的要求，开发人员可以确定客户的真正需求是什么。所以当用户对系统的目标不是很清楚，难以定义需求时，最好使用原型法。

（8）**参考答案**：A

试题解析 项目的三重制约分别指：

1）项目范围约束。

项目的范围实质就是项目的任务是什么?项目范围会影响到项目工作分解和任务安排。

2）项目时间约束。

项目的时间约束项目要多久完成，因为项目有临时性的特点，使得项目有了开始和结束的时间要求。

3）项目的成本约束。

对于项目来说按时、按范围完成目标所给的成本是一定的，因此项目中一定会有成本约束。

（9）**参考答案**：B

试题解析　光功率单位常用的有 mw 和 dBm，按道理说，这两个单位都可以用于光功率的单位，在实际的光纤通信中，常用的光功率的单位是 dBm。而 dBu 是以有效值为 0.775V 做参考的分贝数。本题最佳的答案应该选择 B 选项。

（10）**参考答案**：D

试题解析　电子邮件的发送由 SMTP 协议来控制，当 SMTP 协议发现发送失败时，会退回电子邮件，并给应用程序端发出一个错误消息，给出错误的原因。

（11）**参考答案**：A

试题解析　数据链路层属于 OSI 参考模型的第二层，主要用于数据链路层的相关操作，如帧同步、差错检测、第二层的链路管理等。而路由选择属于 OSI 参考模型第三层的功能。

（12）**参考答案**：B

试题解析　本题中信道的最大数据速率为 2500b/s，因为采用的 4B/5B 编码，因此信号的有效数据速率是 2500×4/5=2000b/s，而信号的波特率为 1000Baud。代入公式 2000b/s=1000×$\log_2(N)$，则 $N=4$，因此只有 QPSK 合适。

（13）**参考答案**：C

试题解析　分布式存储是一种将数据分散存储在多个节点上的技术，每个节点都可以独立地提供数据的读写服务，从而提高系统的并发性能。通过将数据复制到多个节点上，可以实现数据的冗余备份，提高系统的容错性。通常在设计分布式存储时，最少部署 3 个存储节点，当某个节点发生故障时，系统可以自动切换到其他节点上的备份数据，从而保证系统的可用性。

（14）**参考答案**：D

试题解析　文件大小为 125KB=125×1024×8bit，由于异步通信需要有起始符、校验位等，效率为 80% 的信道，实际速率为 12500b/s×0.8=10000b/s。因此传输时间=125×1024×8/10000=102.4s。

（15）**参考答案**：B

试题解析　按照《综合布线系统工程设计规范》（GB 50311—2007），信息插座安装高度为 30cm。

（16）**参考答案**：A

试题解析　管辖权包括以下四个方面：

1）属人管辖权。这是指各国对具有本国国籍的公民实行管辖的权利。

2）属地管辖权。这是指国家对领域内的一切人（除享有外交豁免者外）、物和发生的事件具有的管辖权。

3）保护性管辖权。这是指国家对于外国人在该国领域外侵害该国的国家和公民的重大利益的犯罪行为有权行使管辖。

4）普遍性管辖权。根据国际法，国家对于国际犯罪，无论犯罪人的国籍如何，也无论他在何处犯罪均有权实行管辖。

本题问的是属地管辖权，主要是我国境内。

（17）**参考答案**：C

试题解析 近端串扰和远端串扰属于双绞线测试项目。

（18）**参考答案**：C

试题解析 HDLC 是一个在同步网络中实现面向比特数据传输的数据链路层协议。控制字段中的第一位或第一、第二位表示传送帧的类型，HDLC 中有信息帧（I 帧）、监控帧（S 帧）和无编号帧（U 帧）3 种不同类型的帧。控制字段的第五位是 P/F 位，即轮询/终止（Poll/Final）位。控制字段中第一或第一、二位表示传送帧的类型，第一位为"0"表示是信息帧，第一、二位为"10"是监控帧，"11"是无编号帧。

无编号帧因其控制字段中不包含编号 N(S) 和 N(R) 而得名，简称 U 帧。U 帧用于提供对链路的建立、拆除以及多种控制功能，但是当要求提供不可靠的无连接服务时，它有时也可以承载数据。HDLC 通过采用"0 比特填充删除法"来保证数据的透明传输。

（19）**参考答案**：A

试题解析 QinQ 技术主要是为拓展 VLAN 的数量空间而产生的，它是在原有的 802.1Q 报文的基础上又增加一层 802.1Q 标签实现的，使 VLAN 数量增加到 4K×4K。随着城域以太网的发展以及运营商精细化运作的要求，QinQ 的双层标签又有了进一步的使用场景，它的内外层标签可以代表不同的信息，如内层标签代表用户，外层标签代表业务。

（20）**参考答案**：D

试题解析 中国的最新相关安全标准，就是要把其中的安全实现更换成国密算法，国密 SSL 通信依据的协议是中华人民共和国密码行业标准《SSL VPN 技术规范 GMAT 0024-2014》协议。采用我国自主研发的 SM2 公钥算法体系，支持 SM2、SM3、SM4 等国产密码算法及国密 SSL 安全协议的数字证书。在国密 SSL 标准中实现 ECC 和 ECDHE 的算法是 SM2，实现 IBC 和 IBSDH 的算法是 SM9。目前的国密 SSL 证书中，采用的签名算法是 SM3 with SM2。实现摘要算法是 SM3。

（21）**参考答案**：C

试题解析 Sequence Number 是发送数据包中的第一个字节的序列号，占 32 位，可以达到 2^{32}=4096MB=4GB 而不重复出现。

（22）**参考答案**：D

试题解析 当本地端发送完 FIN=1 之后，收到对端的 ACK 数据段后便进入到了 FIN WAIT 2 状态，而不是 CLOSE 状态。

（23）**参考答案**：D

试题解析 信道利用率达到最大的条件是：当一个站点发送的一个帧到达目的地后，某一个节点接着发送，介质没有空闲，也没有出现冲突的情况。此时，发送 1 帧的时间是 T，帧的传播延迟是 τ，由于要满足 CSMA/CD 的工作条件，要求 $T \geq 2\tau$，也就是总时间至少为 $T+2\tau$，此时最大

利用率为 $T/(T+2\tau)=1/[1+2(\tau/T)]=1/(1+2a)$。

(24) **参考答案**：D

🔑**试题解析** 密码学上的柯克霍夫原则（Kerckhoffs's principle）：即使密码系统的任何细节已为人悉知，只要密匙 key（又称密钥或秘钥）未泄露，它也应该是安全的。

(25) **参考答案**：D

🔑**试题解析** 不同厂商的设备要实现互联，必须使用某种共同的国际通用协议，在 VLAN Trunk 模式中，目前所有厂商都使用的协议是 IEEE 802.1Q 协议。

(26) **参考答案**：A

🔑**试题解析** PON 按信号分配方式可以分为功率分割型无源光网络（PSPON）和波分复用型无源光网络（WDMPON）。大家熟悉的如 APON、BPON、EPON、GPON 均属于 PSPON。PSPON 的上行、下行传送采用 TDMA 方式，实现共享信道带宽，分路器通过功率分配将 OLT 发出的信号分配到各个 ONU 上。

WDM-PON 则是将波分复用技术运用在 PON 中，光分路器通过识别 OLT 发出各种波长，将信号分配到各路 ONU。

(27) **参考答案**：B

🔑**试题解析** SMTP 协议的默认端口是 TCP 的 25 号端口。

(28) **参考答案**：C

🔑**试题解析** 全局单播地址也被称为可聚合全局单播地址，相当于 IPv4 的公有地址，全局单播地址的前缀为：2000::/3。

(29) **参考答案**：D

🔑**试题解析** 释放地址可以使用 release 参数。

(30)(31) **参考答案**：D C

🔑**试题解析** RAID0 利用率最高，为 100%；RAID5 的条带化中，将校验码动态地存入不同的磁盘中，其校验数据的总量为一个磁盘的存储容量。其余磁盘用于存储数据。

(32) **参考答案**：B

🔑**试题解析** 要验证数字证书的真伪，只要验证证书中 CA 的签名即可。而要验证签名，必须要使用签名者的公钥，数字证书是由签发机构 CA 签名的，因此需要使用 CA 的公钥验证签名。

(33)(34) **参考答案**：C B

🔑**试题解析** 在 Internet 通信中，要实现从信息源到目的地之间的传输数据全部以密文形式出现，则表明中间节点不能参与信息的加密和解密过程，这种信息传输形式就是端—端加密。如果中间节点参与信息的加密和解密过程，那就是典型的链路加密。

RSA 是公钥算法，在用于加密大量商业机密信息时，计算量太大，只能选对称密钥算法。MD5 和 SHA-1 是摘要算法，不是加密算法。

(35) **参考答案**：B

🔑**试题解析** 这类题目几乎每次考试都出，使用化二进制或者快速计算。

快速计算中，先求出子网规模=2^{24-22}=4。因此选项 A 的范围是 8～11，没有包含所有网段。选项 B 的范围为 12～15，刚好包含题干的范围。

161

（36）参考答案：B

试题解析 一个 IP 地址段要分 10 个子网，实际上至少需要分 16 个子网。因此需要在原来 /17 的基础上借用 4bit。因此划分之后的掩码是 17+4=21bit。求出子网规模=2^{24-21}=8。根据子网地址的特性，第三字节能被子网规模整除。本题中，只有 B 选项的 162/8 不能整除，因此 B 不是这 16 个子网的子网地址，而是一个主机地址。

（37）参考答案：D

试题解析 /20 对应的子网规模是 2^{24-20}=16。因此 129.177.96.0/20 的范围是 129.177.96.0~129.177.111.255。

（38）参考答案：C

试题解析 当客户端未能从 DHCP 服务器获得 IP 地址时，客户端会检查自己是否配置了"备用 IP 地址"。如果配置了"备用 IP 地址"，那么客户端会首先启用"备用 IP 地址"；如果没有配置"备用 IP 地址"，客户机将从 169.254.0.0/16 这个 B 类网段中选择一个作为 IP 地址。

（39）参考答案：B

试题解析 ping -l 指定发送数据的大小。

（40）（41）参考答案：B D

试题解析 FTP 工作时，需要建立 2 个连接，一个是命令连接，一个是数据连接。并且 FTP 支持两种模式。

1）Standard 模式（PORT 模式）。Standard 模式是 FTP 的客户端发送 PORT 命令到 FTP 服务器。FTP 客户端首先和 FTP 服务器的 TCP 21 端口建立连接，通过这个连接发送命令，客户端需要接收数据的时候，即在这个连接上发送 PORT 命令，其中包含了客户端用于接收数据的端口。服务器端通过自己的 TCP 20 端口连接至客户端指定的端口建立数据连接。

2）Passive 模式（PASV 模式）。Passive 模式是 FTP 的客户端发送 PASV 命令到 FTP 服务器。在建立控制连接的时候和 Standard 模式类似，但建立连接后发送的不是 PORT 命令，而是 PASV 命令。FTP 服务器收到 PASV 命令后，随机打开一个高端端口（端口号大于 1024）并且通知客户端在这个端口中传送数据，客户端连接 FTP 服务器此高端端口（非 20 端口）建立数据连接，进行数据的传送。

（42）参考答案：B

试题解析 浏览器的常见错误代码及作用如下：

1×× （×表示 0~9 的数字）	表示临时响应并需要请求者继续执行操作的状态代码
2××	表示成功处理了请求的状态代码
3××	表示要完成请求，需要进一步操作的状态代码
4××	表示请求出错，妨碍服务器处理的状态代码
5××	表示服务器内部错误的状态代码

（43）参考答案：A

试题解析 华为 DHCP 地址配置中通过全局地址池进行配置。

（44）**参考答案**：A

🔎**试题解析**　根据 CSMA/CD 协议，数据的发送时间必须大于等于 2 倍端到端的传播延时才可保证 CSMA/CD 协议工作正常。本题中的 200m/μs 是一个干扰项。往返传播时间为 100μs，也就是 2 倍端到端的传播时间。

（45）**参考答案**：B

🔎**试题解析**　华为交换机 Access 类型的端口不支持发送带有 Vlan Tag 的数据，因此在发送报文时，报文内部是不包含 Vlan Tag 信息的。

（46）**参考答案**：D

🔎**试题解析**　要执行一个系统脚本文件，至少应该有读取和执行权限。

（47）（48）**参考答案**：A　D

🔎**试题解析**　目前由互联网数字分配机构（Internet Assigned Numbers Authority，IANA）分配的全球单播地址主要是 2 和 3 开头的地址，因此选项 A 是全球单播地址。而 FE80::1 是一个 IPv6 链路本地地址，用于同一链路上的设备之间的通信，不能用于全球通信。FEC0::1 对应的地址范围（FEC0::/10）内的地址最初被设计为站点本地地址，目前在 IPv6 的新版本中已被废弃，在新网络中不再使用。FF02::1 是一个 IPv6 多播地址，不是单播地址。

IPv6 地址的接口 ID 部分可能基于 MAC 地址生成（如果 MAC 地址不可用，则随机生成），但网络前缀部分通常是由路由器提供的，而不是由接口随机生成的。因此，IPv6 地址不是完全由接口随机生成的。故选项 D 错误。

（49）**参考答案**：C

🔎**试题解析**　UOS Linux 中的设备主要有以下三种类型：①字符设备，是能够像字节流一样被访问的设备，当对字符设备发出读写请求时，相应的 IO 操作立即发生，常见的有字符终端、串口、键盘、鼠标等；②块设备，是系统进行 IO 操作时必须以块为单位进行访问的设备，常见的有硬盘、U 盘等；③网络设备，由网络子系统驱动，负责数据包的发送和接收。

（50）（51）**参考答案**：A　D

🔎**试题解析**　802.11b/g/n 都是工作在 2.4GHz 的 ISM 免费频段。所有 13 个信道中，只有信道 1、6 和 13 或者 1、6 和 11 是完全不覆盖的，因为部分国家的频段不支持 13 信道，软考中常用 1、6 和 11 三个信道，因此选 D。

（52）（53）**参考答案**：B　A

🔎**试题解析**　不同厂商的设备要互联，必须使用标准的协议 802.1Q，因此两台设备之间的封装没有改成 802.1Q 格式的 Trunk 模式，导致不能访问。

（54）**参考答案**：D

🔎**试题解析**　本题要注意以太网帧的大小是可变的，要清楚地了解最大效率是当帧长最大的时候，因此此时数据 bit 相对控制 bit 的比例是最高的。因此帧长为 1518 字节时效率最高。

（55）**参考答案**：B

🔎**试题解析**　DR、BDR 选举基本原理是选优先级高的。优先级值越大则优先级越高。

（56）**参考答案**：A

✎**试题解析** NAT 服务器需要建立一张对照表，记录内部地址。其方法是对每个内部地址及请求的服务（端口号）分配一个新的端口号，作为转换后报文的源端口号（源地址为 NAT 服务器所具有的合法 IP 地址）。由于端口号总数只有 65536 个，而 0～1023 的端口号为熟知端口不能随意重新定义，因此可供 NAT 分配的端口号大约为 65536–1024=64512 个。因为每个内网用户平均需要 10 个端口号，所以能容纳的用户数（机器数）约为 64512/10=6451 个。

（57）**参考答案**：A

✎**试题解析** 无源光纤网络（Passive Optical Network，PON）是一种无源光网络技术，在光配线网中不含有任何电子器件及电子电源，光分配网（Optical Distribution Network，ODN）全部由光分路器等无源器件组成，不需要有源电子设备。一个无源光网络包括一个安装于中心控制站的光线路终端（Optical Line Terminal，OLT），以及一批配套的安装于用户场所的光网络单元（Optical Network Units，ONUs）以及 ODN 组成。

（58）**参考答案**：D

✎**试题解析** 选项 A、B、C 三项都是明显错误的，因为 UDP 协议是一个无连接、不可靠的协议，因此实现的效率高，不会给网络增加太多的负载。

（59）**参考答案**：A

✎**试题解析** nmcli con mod 命令是修改连接属性，ipv4.addresses 设置 IP 和子网，ipv4.gateway 定义网关。本题中选项 B、C、D 的语法均不符合 nmcli 规范。

（60）**参考答案**：A

✎**试题解析** BGP 负责在 AS 之间进行路由选择，因此是 EGP 的一种。

（61）**参考答案**：B

✎**试题解析** RIP 采用定时（每 30 秒）更新的策略，每次更新整个路由表。

（62）**参考答案**：C

✎**试题解析** 4B/5B 编码就是将数据流中的每 4bits 作为一组，然后按编码规则将每一个组转换成为 5bits，因此效率为 4/5=80%。

（63）（64）**参考答案**：D A

✎**试题解析** 根据相关标准，10Mb/s 以太网只使用 4 根线，UTP 电缆中的 1-2-3-6 这 4 根线是必须的，分别配对成发送和接收信道。为了确定线序，最简单的方法是利用网络测试仪。

（65）**参考答案**：B

✎**试题解析** IntServ 实现 QoS 的基本思想是在通信开始之前利用资源预留方式为通信双方预留所需的资源，保证服务所需要的 QoS。

（66）**参考答案**：A

✎**试题解析** 建立 VPN 需要采用"隧道"技术，建立点对点的连接，使数据包在公共网络上的专用隧道内安全传输。

（67）**参考答案**：A

✎**试题解析** UTP 的最大段距离为 100m。

（68）**参考答案**：A

✎**试题解析** 此题主要考查了网络系统设计的相关知识。

网络需求分析主要任务是确定网络系统的建设目的，明确网络系统要求实现的功能和所要达到的性能。

网络体系结构设计即确定组网技术，确定拓扑结构，主要任务是将需求归纳总结、抽象化，形成一个附带着需求的具体模型，确定网络的层次结构及各层采用的协议。

网络设备选型即确定网络节点的一部分，主要任务是根据每一个节点的功能和其所需要实现的性能，利用产品调研的结果，选择合适的设备，并为重要节点配置相关的附加设备。

网络安全性设计即确定安全系统，主要任务是在原有系统设计的基础上，加入一些安全保护措施，检测设备，提供维护的工具和方法。

（69）**参考答案**：B

试题解析 此题主要考查了网络3个层次结构的特点，以及提供的服务。

接入层是网络系统的最外层，为用户提供了网络访问接口。接入层面向终端用户，必须适应多种类、多节点、多连接类型的需求，实现多种类型的综合接入和传输。

汇聚层主要是作为楼群或小区的聚汇点，连接接入层与核心层网络设备，为接入层提供数据的汇聚、传输、管理和分发处理。汇聚层为接入层提供基于策略的连接，如地址合并、协议过滤、路由服务、认证管理等，通过VLAN网段划分与网络广播隔离可以防止某些网段的问题影响到核心层。

核心层是各子网和区域网络中所有流量的最终汇集点和承受者，实现骨干网络数据的优化传输，其主要特征是冗余设计、负载均衡、高带宽和高吞吐率。

网络系统的安全性控制和用户身份认证既可以在接入层进行，也可以在汇聚层进行。由于接入层面向终端用户，所以MAC地址过滤功能在一般园区网络设计中属于接入层。而VLAN路由和广播域的定义功能都属于汇聚层，高速数据传输属于核心层的基本要求。

（70）**参考答案**：C

试题解析 主机安装需要2天2人，广域网安装需要3天2人，合起来正好是5天2人。再结合局域网安装的5天4人，总共是5天6人。

（71）（72）（73）（74）（75）**参考答案**：A B A B D

试题解析 网络层为传输提供服务层。它可以基于虚拟电路或数据报。在这两种情况下，它的主要工作是将数据包从源路由到目的地。

在网络层中，子网很容易发生拥塞，从而增加包的延迟并降低吞吐量。网络设计师试图通过适当的设计技术包括重传策略、缓存、流控制等避免冲突。

下一步，除了解决拥堵问题外，还应努力实现服务质量。可用的方法包括客户端缓冲、流量整形、资源预留和准入控制。提供优质服务的方法包括综合服务（包括RSVP）、区分服务和MPLS

网络工程师 机考冲刺卷
应用技术卷参考答案及解析

试题一

【问题 1】试题解析　PC1 发出的数据，根据目标 IP 地址选择路由之后，确定下一跳地址，并通过 ARP 解析获得对应的下一跳设备的 MAC 地址，PC1 首次构造帧时，其下一跳就是网关，也就是 R1 的 GE0/0/1 接口的地址。因此封装的是网关的 MAC 地址。需要特别注意的是，MAC 地址仅用于某个网段，一旦跨网段，会重新封装新的 MAC 帧，源目标 MAC 都会发生变化。

参考答案　不需要

【问题 2】试题解析　将通过 R3 到达 R2 的静态路由的 preference 设置为 100，优先级低于系统的默认优先级 60，因此该链路作为备份链路。

（1）从 peer-ip 可以知道，这是指定一个 BFD 的对端地址，根据题干图中的信息可知，对端的地址就是 R2 的 GE2/0/1 接口的 IP 地址。

（2）根据后续的解释，提交配置，显然是 commit 指令。

（3）结合上下文可知，这里是指定一条静态路由，并给出网关的地址，因为图中上面这条链路的中间是交换机，没有 IP 地址，所以这个网关地址是 R2 的 GE2/0/1 接口的 IP 地址。

（4）根据题干中的 track 关键词和后面的 R1toR2，显然就是指定跟踪的 BFD 会话。

（5）将该默认路由 preference 设置为 100，优先级低于默认的 60，R1~R3 作为备份链路。因此作用就是设置浮动路由，实现链路的备份，提高网络系统的可靠性。

参考答案　（1）10.12.12.2　（2）commit　（3）10.12.12.2　（4）bfd-session

（5）设置浮动路由，实现链路备份，提高可靠性。

【问题 3】试题解析　10.10.10.2/24 和 10.20.10.2/24 聚合后是 10.0.0.0/19，对应的通配符是 0.0.31.255。这里建议写成地址聚合之后的最小的网段。

（6）在 ACL 中指定源地址的范围。注意这里必须使用反掩码。通过题干可知，源地址是 10.10.10.2/24 和 10.20.10.2/24，经过聚合计算之后是 10.0.0.0/19，对应的反掩码是 0.0.31.255。这里注意，尽量使聚合地址的范围最小。

（7）在指定的接口启用 NAT，使用的命令就是 nat outbound。

（8）这三条命令中，前两条设置了两条默认静态路由，并且对应的网关不一样，目的就是实现链路的负载均衡。同时从第三条命令中 load-balance 也可以看出，确实是在实现负载均衡。通过 hash src-ip 关键字可知，实际就是基于源 IP 地址做负载均衡。

参考答案　（6）0.0.31.255　（7）outbound

（8）配置 2 条等价默认路由，并基于源 IP 地址进行负载均衡。

试题二

【问题1】试题解析

核心层设备可以采用集群技术，将多台设备组合成一台逻辑设备，汇聚层设备可以采用堆叠技术，将多台设备组合成一台逻辑设备。

两条链路可采用链路聚合技术组合成一条更高带宽的链路。

参考答案 集群或堆叠、链路聚合

【问题2】试题解析

双设备之间通过集群、堆叠等技术在逻辑上组成一台设备，双链路也组成逻辑上的一条链路，网络拓扑简化成一个树型结构，因此不需要部署生成树协议。网络中消除了二层环路，同时提高了带宽利用率。

参考答案 不需要

【问题3】试题解析

运维管理区是一个专门设计的网络区域，用于集中管理和监控网络运维活动，通过严格的访问控制和安全审计，防止未经授权的访问和操作，减少安全风险，确保运维操作的安全性、合规性和高效性。

参考答案 网络运维系统、堡垒机、漏洞扫描系统、日志审计系统。

【问题4】试题解析

QinQ 技术通过在以太网帧中嵌套两个 VLAN 标签来实现 VLAN 的扩展和隔离，可以有效扩展 VLAN 数量，实现用户隔离，并简化网络管理。它在大型企业网络和运营商网络中得到了广泛应用。

参考答案 在接入层交换机每个端口对应一个内层 VLAN，在汇聚层交换机上规划外层 VLAN。

采用 QinQ 实现终端隔离的好处是：实现了每个终端一个 VLAN，可以有效防止 ARP 病毒的传播，针对每个终端有利于灵活实现 PPPoE、IPoE、802.1x 等接入认证，VLAN 规划工作量只集中在汇聚交换机上，大量的接入交换机只需要做统一配置即可，内外层 VLAN 可标识用户物理位置信息，更有效地帮助溯源，有助于故障排除与定位。

试题三

【问题1】试题解析

标签交换路径（Label Switched Path，LSP）是 MPLS 技术中的一个核心概念，它定义了数据包在网络中传输的路径，实现了高效的数据包转发和网络资源优化。LSP 可以分为两种形式：①静态 LSP：用户通过手工方式为各个转发等价类分配标签，建立转发隧道；②动态 LSP：通过标签发布协议动态建立转发隧道。

静态 LSP 由网络管理员手动配置和管理，适用于小型网络或特定应用场景。

动态 LSP 由信令协议自动建立和维护，适用于大型网络和需要动态调整的场景。

参考答案 （1）静态 LSP （2）动态 LSP

【问题 2】试题解析

这是基础概念题，选择 Loopback 地址最大的。

参考答案　LSR_3，因为它的 Loopback 地址最大。

【问题 3】试题解析

配置静态 LSP，主要是配置 LSP 路径。此题中有两条静态 LSP 路径，其中 LSR_1 到 LSR_3 的路径为 LSP1，LSR_1 为 Ingress，LSR_2 为 Transit，LSR_3 为 Egress；LSR_3 到 LSR_1 的路径为 LSP2，LSR_3 为 Ingress，LSR_2 为 Transit，LSR_1 为 Egress。

LSP 路径的配置主要有以下操作：

在 Ingress 配置 LSP 的目的地址、下一跳和出标签的值。

在 Transit 配置 LSP 的入接口、与上一节点出标签相等的入标签的值、对应的下一跳和出标签的值。

在 Egress 配置 LSP 的入接口、与上一节点出标签相等的入标签的值。

参考答案

（1）在 LSR 上配置 OSPF，实现骨干网的 IP 连通。

（2）配置两条静态 LSP。

LSR_1 到 LSR_3 的路径为 LSP1，LSR_1 为 Ingress，LSR_2 为 Transit，LSR_3 为 Egress。

LSR_3 到 LSR_1 的路径为 LSP2，LSR_3 为 Ingress，LSR_2 为 Transit，LSR_1 为 Egress。

【问题 4】试题解析

正确的配置和解释如下：

```
[LSR_1] mpls lsr-id 10.10.1.1    // LSR ID 用来在网络中唯一标识一个 LSR。LSR 没有缺省的 LSR ID，必须手工配置。为了提高网络的可靠性，推荐使用 LSR 某个 Loopback 接口的地址作为 LSR ID。
[LSR_1] mpls
[LSR_1] interface gigabitethernet 1/0/0
[LSR_1-GigabitEthernet1/0/0] mpls    //配置接口的 MPLS 能力
# 配置 Ingress LSR_1。
[LSR_1] static-lsp ingress LSP1 destination 10.10.1.3 32 nexthop 10.1.1.2 out-label 20
# 配置 Transit LSR_2。
[LSR_2] static-lsp transit LSP1 incoming-interface gigabitethernet 1/0/0 in-label 20 nexthop 10.2.1.2 out-label 40
# 配置 Egress LSR_3。
[LSR_3] static-lsp egress LSP1 incoming-interface gigabitethernet 1/0/0 in-label 40
# 配置 Ingress LSR_3。
[LSR_3] static-lsp ingress LSP2 destination 10.10.1.1 32 nexthop 10.2.1.1 out-label 30
# 配置 Transit LSR_2。
[LSR_2] static-lsp transit LSP2 incoming-interface gigabitethernet 2/0/0 in-label 30 nexthop 10.1.1.1 out-label 60
# 配置 Egress LSR_1。
```

参考答案　（1）设置 LSR ID　（2）mpls　（3）ingress　（4）10.1.1.2　（5）gigabitethernet 1/0/0　（6）10.10.1.1　（7）30　（8）60

试题四

【问题 1】试题解析　IPSec VPN 应用场景分为站点到站点、端到端、端到站点 3 种模式。

（1）站点到站点（Site-to-Site）。站点到站点又称为网关到网关，多个异地机构利用运营商网络建立 IPSec 隧道，将各自的内部网络联系起来。

（2）端到端（End-to-End）。端到端又称为 PC 到 PC，即两个 PC 之间的通信由 IPSec 完成。

（3）端到站点（End-to-Site）。端到站点，两个 PC 之间的通信由网关和异地 PC 之间的 IPSec 会话完成。

参考答案　　（1）A　　（2）隧道模式

【问题 2】试题解析　　正确的 IPSec 配置命令如下所示：

```
<FIREWALL1> system-view
[FIREWALL1] interface GigabitEthernet 1/0/2
[FIREWALL1-GigabitEthernet1/0/2] ip address 192.168.1.1 24 [FIREWALL1-GigabitEthernet1/0/2] quit
[FIREWALL1-GigabitEthernet1/0/2] quit
[FIREWALL1] interface GigabitEthernet 1/0/1
[FIREWALL1-GigabitEthernet1/0/1] ip address 202.1.3.1 24
[FIREWALL1-GigabitEthernet1/0/1] quit
#配置接口加入相应的安全区域
[FIREWALL1] firewall zone trust
[FIREWALL1-zone-trust] add interface GigabitEthernet 1/0/2
[FIREWALL1-zone-trust] quit
[FIREWALL1] firewall zone untrust
[FIREWALL1-zone-untrust] add interface GigabitEthernet 1/0/1
[FIREWALL1-zone-untrust] quit
```

配置安全策略，允许私网指定网段进行报文交互。

```
#配置 Trust 域与 Untrust 域的安全策略，允许封装前和解封后的报文能通过
[FIREWALL1] security-policy
[FIREWALL1-policy-security] rule name 1
[FIREWALL1-policy-security-rule-1] source-zone trust
[FIREWALL1-policy-security-rule-1] destination-zone untrust
[FIREWALL1-policy-security-rule-1] source-address 192.168.100.0 24
[FIREWALL1-policy-security-rule-1] destination-address 192.168.200.0 24
[FIREWALL1-policy-security-rule-1] action permit
[FIREWALL1-policy-security-rule-1] quit
…
#配置 Local 域与 Untrust 域的安全策略，允许 IKE 协商报文能正常通过 FIREWALL1
[FIREWALL1-policy-security] rule name 3
[FIREWALL1-policy-security-rule-3] source-zone local
[FIREWALL1-policy-security-rule-3] destination-zone untrust
[FIREWALL1-policy-security-rule-3] source-address 202.1.3.1 32
[FIREWALL1-policy-security-rule-3] destination-address 202.1.5.1 32
[FIREWALL1-policy-security-rule-3] action permit
[FIREWALL1-policy-security-rule-3] quit
…
```

配置 IPSec 隧道。

```
#配置访问控制列表，定义需要保护的数据流
[FIREWALL1] acl 3000
[FIREWALL1-acl-adv-3000] rule permit ip source 192.168.100.0 0.0.0.255 destination 192.168.200.00.0.0.255
[FIREWALL1-acl-adv-3000] quit
#配置名称为 tran1 的 IPSec 安全提议
[FIREWALL1] ipsec proposal tran1
[FIREWALL1-ipsec-proposal-tran1] encapsulation-mode tunnel [FIREWALL1-ipsec-proposal-tran1] transform esp
```

[FIREWALL1-ipsec-proposal-tran1] transform esp
[FIREWALL1-ipsec-proposal-tran1] esp authentication-algorithm sha2-256
[FIREWALL1-ipsec-proposal-tran1] esp encryption-algorithm aes
[FIREWALL1-ipsec-proposal-tran1] quit
#配置序号为 10 的 IKE 安全提议
[FIREWALL1] ike proposal 10
[FIREWALL1-ike-proposal-10] authentication-method pre-share
[FIREWALL1-ike-proposal-10] authentication-algorithm sha2-256
[FIREWALL1-ike-proposal-10] quit
#配置 IKE 用户信息表
[FIREWALL1] ike user-table 1
[FIREWALL1-ike-user-table-1] user id-type ip 202.1.5.1 pre-shared-key Admin@gkys
[FIREWALL1-ike-user-table-1] quit
#配置 IKE Peer。
[FIREWALL1] ike peer b
[FIREWALL1-ike-peer-b] ike-proposal 10
[FIREWALL1-ike-peer-b] user-table 1
[FIREWALL1-ike-peer-b] quit
#配置名称为 map_temp 序号为 1 的 IPSec 安全策略模板
[FIREWALL1] ipsec policy-template map_temp 1
[FIREWALL1-ipsec-policy-template-map_temp-1] security acl 3000
[FIREWALL1-ipsec-policy-template-map_temp-1] proposal tran1
[FIREWALL1-ipsec-policy-template-map_temp-1] ike-peer b
[FIREWALL1-ipsec-policy-template-map_temp-1] reverse-route enable
[FIREWALL1-ipsec-policy-template-map_temp-1] quit
#在 IPSec 安全策略 map1 中引用安全策略模板 map_temp
[FIREWALL1] ipsec policy map1 10 isakmp template map_temp
#在接口 GigabitEthernet 1/0/1 上应用安全策略 map1
[FIREWALL1] interface GigabitEthernet 1/0/1
[FIREWALL1-GigabitEthernet1/0/1] ipsec policy map1
[FIREWALL1-GigabitEthernet1/0/1] quit

参考答案

（3）system-view　　　　　　　　（4）GigabitEthernet 1/0/2

（5）192.168.1.1 24 或者 192.168.1.1 255.255.255.0

（6）GigabitEthernet 1/0/2　　　（7）firewall zone untrust

（8）security-policy　　　　　　（9）trust

（10）192.168.100.0 24　　　　　（11）permit　　　　（12）acl 3000

（13）ip source 192.168.100.0 0.0.0.255 destination 192.168.200.0 0.0.0.255

（14）tunnel　　　　　　　　　　（15）ike proposal 10